10 大名店
戀戀法式小甜點

Spécialité et petit gâteaux de pâtissiers

島田 徹　パティシエ・シマ ……………………… 2
Toru Shimada, PÂTISSIER SHIMA

丸岡丈二　アングランパ ……………………… 10
Jyoji Maruoka, Pâtisserie et les Biscuits UN GRAND PAS

野木将司　ルラシオン　アントル レ ガトー エル カフェ …… 18
Masashi Nogi, Relation entre les gâteaux et le café

田中貴士　パッション ドゥ ローズ ……………… 26
Takashi Tanaka, Passion de Rose

村山太一　パティスリー ショコラトリー　シャンドワゾー …… 34
Taichi Murayama, Pâtisserie chocolaterie Chant d'Oiseau

渡邊雄二　ドゥブルベ・ボレロ ……………………… 42
Yuji Watanabe, W.Boléro

田中哲人　パティスリー アキト ……………………… 50
Akito Tanaka, patisserie AKITO

柿田衛二　エルベラン ……………………… 58
Eiji Kakita, ÉLBÉRUN

新井和碩　パティスリー ア テール ……………… 66
Kazuhiro Arai, PATISSERIE a terre

妻鹿祐介　パティスリー ミラヴェイユ ……………… 74
Yusuke Mega, Pâtisserie Miraveille

瑞昇文化

PÂTISSIER SHIMA

パティシエ シマ

【東京都・千代田區】

本店精緻的創意法式甜點
兼具傳統以及創新的個性

　　日本推廣法式甜點的重要名人之一，島田進。經營『PÂTISSIER SHIMA』且擔任主廚，同時在巧克力專賣店『L'ATELIER DE SHIMA』設置甜點沙龍。島田進的兒子島田徹，從2009開始擔任這2間店的行政主廚，與父親共同經營製作。位於東京麴町的店面屬於高級地段，外國客人也為數不少。自開業以來，以「高級甜點店＝Haute Patisserie」之姿，秉持著極致的美味和品質。從傳統甜點到時尚甜點，店內陳列的糕點將近有50種，而經常做為送禮用的半乾甜點（demi sec）＊和小餅乾也有35種之多。於被譽為「法式甜點界的畢卡索」Pierre Hermé經營的巴黎總店，擔任過店經理的島田徹，在謹守父親的甜點食譜精髓同時，製作出獨具個人品味與表現力的美味甜點。

＊譯註：半乾甜點（法：demi-sec）：指瑪德蓮、磅蛋糕及費里昂等口感濕潤的半生烘焙甜點。

行政主廚
島田 徹
Toru Shimada

1976年出生於東京。大學畢業後，在2000年就職於『A・Lecomte』。2004年前往法國。於位在巴黎且曾獲得M. O. F.（法國最佳工藝師）的『LAURENT DUCHENE』就職。2005年進入『Pierre Hermé巴黎總店』，擔任店經理一職。之後任職於法國的代表性飯店「Le Bristol」，回到日本後於2009年擔任『PÂTISSIER SHIMA』的行政主廚。

　　說到創意甜點，Pierre Hermé先生以及父親島田進總是會立刻浮現於腦海。只要提到「覆盆子玫瑰」及「安茹蛋糕」，就馬上想起創作這兩種洋菓子的甜點主廚，因此我相當尊敬他們。只要聽到甜點名稱就馬上想到島田徹，這是我製作創意甜點的目標。這間店是父親和我一起經營的店，可以說是「島田家的洋菓子店」，但是我希望在保留傳統的同時也能創立自己的「島田徹品牌」。目前仍在構思中。

PÂTISSIER SHIMA

地　　址｜東京都千代田区麴町3-12-4麴町KYビル1階
電　　話｜03-3239-1031
營業時間｜週一～週五10點～19點、週六及國定假日10點～17點
公 休 日｜每週日
網　　站｜http：//www.patissiershima.co.jp

【店內擺設】
專門提供外帶的店內，設置了大型的冷藏展示櫃，並且隨時供應種類豐富的小蛋糕及烘烤點心。

【店內裝飾】
店內和廚房的隔間牆中間設置了一片玻璃，玻璃上繪製了法國的國鳥，公雞。這是在1998年開店時，為了營造「法式甜點店氣氛」而特別訂製的。

【東京的石疊】
由島田進主廚推廣於日本，並捲起風潮的秘傳石疊巧克力，而島田徹主廚則繼續堅守其美味。

【烘烤點心】 共35種類的半乾甜點及小餅乾。而里昂蛋白餅則是使用獨家配方製作而成，蓬鬆的口感也非常受歡迎。

【生菓子‧展示櫃】
通常陳列著50種類的小蛋糕，以及6種大型蛋糕。由正統的奶油泡芙、起司蛋糕，以及島田進和島田徹主廚的創意生菓子等展開華麗的陣容。而「Safari」則是島田徹主廚任職於本店後第一個開發的甜點。

【L' ATELIER DE SHIMA】
於2004年開設的巧克力專賣店，位於PÂTISSIER SHIMA間隔兩間店的位置。並於此設置了甜點沙龍，可以在此悠閒地享受甜點，店內也有販售香草冰淇淋。

【維也納甜麵包】 島田徹主廚使用法國依思尼（Is-igny）的AOP奶油製作的維也納甜麵包，廣受大眾好評，許多客人慕麵包之名前來購買。

櫃子上的收藏品是1月的節慶時，裝飾在帝王蛋糕上的小陶瓷。

島田徹主廚成為法國Les Amis de urponsky會員等的多種獎狀。

【巧克力‧馬卡龍‧糖果】
巧克力有柳橙、柚子及堅果類等口味。西洋情人節期間有販售8種口味的蹦蹦巧克力（Bon Bon）。

渴望（Envie）

PÂTISSIER SHIMA ｜ 作法→P82

馬斯卡彭起司襯托出野玫瑰果的美味

島田徹主廚在法國實習時，於『Pierre Hermé巴黎總店』品嚐到野玫瑰果製作的甜點而感動不已，為了表現出野玫瑰果的美味而創作了此具有自己特色的甜點。野玫瑰果（Rosehip）在中東是常見的甜點材料之一，不過在日本卻還沒有人使用。為了襯托並活用其特有的酸味的特徵，加入質感濃醇的北海道根釧地區生產的馬斯卡彭起司製作而成的慕斯。500日圓（不含稅）

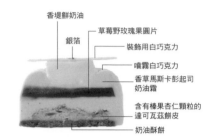

- 香堤鮮奶油
- 銀箔
- 草莓野玫瑰果圓片
- 裝飾用白巧克力
- 噴霧白巧克力
- 香草馬斯卡彭起司奶油霜
- 含有榛果杏仁顆粒的達可瓦茲餅皮
- 奶油酥餅

Point 1 香草馬斯卡彭起司奶油霜
將馬斯卡彭起司和安格列斯香草醬以中速打發

1 使用只食用牧草的乳牛牛乳製成的鮮奶油，以及擁有濃郁香氣的馬達加斯加產香草。讓香草的香味確實融入鮮奶油中，並將與蛋攪拌混合的安格列斯香草醬加熱。

2 馬斯卡彭起司在運送及存放時，乳清會呈現分離狀態，因此使用前必須先倒入缽盆中攪拌，將乳清和固體部分混合均勻。

3 安格列斯香草醬加入吉利丁後，稍微攪拌即可，加入馬斯卡彭起司後，再以打蛋器用中速打發起泡，最後再以高速稍微攪拌至理想狀態。

Point 2 草莓野玫瑰果圓片
野玫瑰果的果泥在使用前必須攪拌均勻，最後再加入草莓果泥

1 用石臼研磨而成的野玫瑰果泥，在運送及存放時，會因為比重不同而呈現分離情況，因此在使用前必須仔細攪拌均勻。

2 草莓加熱後顏色會變黑，也會因此失去香氣，所以將野玫瑰果泥加熱至沸騰後加入與礦泉水混合的吉利丁，最後才放入草莓果泥混合。

3 將矽膠模具置放於烤盤上，倒入果泥後移至冷凍庫急速冷凍。急速冷凍能夠保持其滑順的口感以及鮮豔的色澤。

Point 3 烘烤加了榛果杏仁顆粒的達可瓦茲餅皮
製作蛋白霜時要確實打發起泡，混合粉類材料時注意不要破壞氣泡

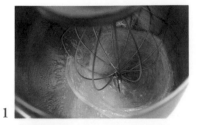

1 用打蛋器將蛋白、乾燥蛋白及白砂糖打發，製作蛋白霜。乾燥蛋白粉的蛋白濃度較高，可以製作出安定性較佳的蛋白霜。

2 將烘焙紙鋪於烤盤上，用圓形擠花嘴擠出並排直線狀。一整條必須保持相同的粗細度，才能成功烤出厚度均一的餅皮。

3 製作達可瓦茲餅皮時，若烘烤時間過久會使口感變硬，因此烤至表面稍微上色即可。餅皮的內側則烤至如照片般的淺棕色。

Spécialité

5

巴黎布雷斯特（Paris Brest）

PÂTISSIER SHIMA ｜ 作法→P83

果仁奶油醬和杏桃的酸味組合成現代風味

與謹守甜點的傳統性同樣重要地，要考慮到跟隨時代潮流而做出變化，藉此呈現出現代風味的巴黎布雷斯特。雖然基本作法是將果仁奶油醬夾在泡芙皮中間，但是因為榛果和杏桃組合的美妙風味，因此在水平切成上下兩片泡芙皮的下側，擠入杏桃口味的甘納許巧克力，並且將糖煮杏桃放入果仁奶油醬的中間。杏桃的酸味讓整體呈現出濃醇風味以及清爽口感。500日圓（不含稅）

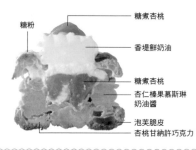

糖粉 ─── 糖煮杏桃
─── 香堤鮮奶油
─── 糖煮杏桃
─── 杏仁榛果慕斯琳奶油醬
─── 泡芙脆皮
─── 杏桃甘納許巧克力

泡芙脆皮
在短時間內將麵粉糊化，嵌上圓形模具烘烤

1
將牛奶、水、奶油、鹽及白砂糖加熱至沸騰。藉由加熱沸騰，讓麵粉的澱粉能夠在短時間內糊化，才能製作出軟硬度剛好的麵糊。

2
將烘焙紙鋪於烤盤上，用8號的星形擠花嘴擠出直徑6cm的圓圈。再將杏仁薄片均勻的灑於表面，避免重疊。

3
使用直徑6cm X 高1.7cm的圓形模具嵌入麵糰烘烤，才能烤出均一大小的形狀。

聖馬可蛋糕（Saint Marc）

PÂTISSIER SHIMA ｜ 作法→P84

鮮奶油和焦糖的簡單組合，呈現出令人回味無窮的美妙滋味

由香草和巧克力口味的香堤鮮奶油以及焦糖層，組合成簡單的聖馬可蛋糕，是主廚個人喜愛的口味。香草香堤鮮奶油是由濃郁的42%鮮奶油，加上馬達加斯加產、擁有高級香氣的香草而製成。巧克力香堤鮮奶油是用北海道根釧地區只食用牧草的乳牛牛乳為原料製成。因為脂肪球細小且呈現均勻的液狀，因此能製作出安定性高的香堤鮮奶油，也能輕鬆地和巧克力乳化。460日圓（不含稅）

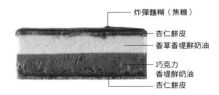

炸彈麵糊（焦糖）
杏仁餅皮
香草香堤鮮奶油
巧克力
香堤鮮奶油
杏仁餅皮

Point

杏仁餅皮

濕潤的餅皮和奶油
呈現出絕妙平衡感
再用焦糖增添香氣

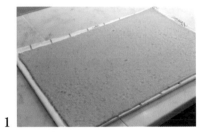

1

和麵粉相較之下，以比例較重的杏仁粉和蛋白霜製作出的餅皮，能夠呈現出濕潤且豐富的口感特徵。一共製作2片，其中一片直接當作底部的餅皮。

2

將另一片餅皮的未上色面朝上，用抹刀均勻塗抹薄薄的一層炸彈麵糊（Pate a Bombe），靜置直到乾燥為止。待完全乾燥後才能炙燒出漂亮的焦糖表面。

3

將糖粉撒在炸彈麵糊上，炙燒出焦糖。重複炙燒3～4次，不僅能散發出焦糖香氣，也能使表面呈現出美麗的光澤。

Spécialité

法式水果蛋糕（Cake aux Fruits）

PÂTISSIER SHIMA ｜ 作法→P84

猶如主教座堂的彩色玻璃般美麗的蛋糕

將徹底浸泡於蘭姆酒中的水果乾加入麵糰，是島田徹主廚的講究做法。長時間浸泡能夠讓酒精緩慢揮發，使蘭姆酒的辣味散去而留下甘甜。另外將洋李和無花果，加入含有香料和紅茶葉的紅酒中熬煮，製作出口味豐富的本店傳統甜點。看到蛋糕剖面的法國客人也不禁讚嘆「彷彿主教座堂的彩色玻璃般美麗」，是本店的華麗招牌之作。1條2500日圓（不含稅）／1片250日圓（不含稅）

蘭姆酒漬水果
紅酒煮無花果・洋李
胡桃
蛋糕體

Point 1 ｜ 紅酒糖煮無花果・洋李
用小火慢慢燉煮至軟透，使紅酒及香料的味道徹底滲入

1

半乾的無花果及洋李各200g，加入450g搭配絕佳的波爾多產紅葡萄酒。再加入白砂糖慢慢熬煮，讓水果焦糖化提高甜味，更增添其美味。

2

加入肉桂條、柳橙果皮以及大吉嶺紅茶葉等風味，是此糕點的特色之一。沸騰後轉小火慢煮40分鐘，使味道確實滲入水果中。

3

熬煮至照片中般，富含紅酒液的柔軟狀態後，鋪上紙蓋並於常溫保存。使用前用濾網撈起，稍微濾掉水分即可。因為水分中本身帶有風味，因此不需要完全濾掉水分。

Point 2 ｜ 蛋糕體
支撐大量水果的蛋糕體＝製作出富有彈性的麵糰

1

將低筋麵粉分成3次仔細過篩。可以避免麵粉中的結塊混入，以及讓麵粉中充滿空氣，使麵糰能夠成功打發。

2

充滿空氣的奶油，是蛋糕體發酵的重要關鍵。將奶油確實攪拌油化成軟膏狀，以便含有足夠的空氣。在此步驟中加入白砂糖攪拌。

3

在加完奶油和白砂糖後，最後才加入雞蛋攪拌，可以藉此提升麵糰的彈性。將蛋液隔水加熱至凝固前的溫度（約36℃）後，就能夠和奶油及砂糖攪拌均勻。

Point 3 ｜ 烘烤及裝飾
於烘烤過程中，在蛋糕表面劃上刀痕使空氣排出，烘烤後立刻塗上蘭姆酒

1

於250℃的對流式烤箱中烘烤8分鐘後取出烤盤，並於蛋糕表面的中心用刀子劃上刀痕，完成後再放入烤箱繼續烘烤。劃上刀痕可以幫助蒸氣排出，讓蛋糕形狀更漂亮。

2

烘烤完成後，模具會讓蛋糕吸收多餘熱氣，而蒸氣冷卻後也會讓蛋糕外圍附著於模具上，因此必須立刻脫模。

3

蛋糕出爐後，隨著時間增加蛋糕會越來越難以吸收利口酒或是糖漿。因此必須立刻將蛋糕脫模排列好，迅速塗上大量的蘭姆酒。

Pâtisserie et les Biscuits

UN GRAND PAS

アングランパ

【埼玉縣・埼玉市】

以精緻小餅乾為本店主角
並將傳統的法式甜點店作為經營理念

身兼經營者及主廚的丸岡丈二，來自於埼玉縣同樣是經營洋菓子店的家庭，高中畢業後於老家就職。不過在22歲時就職於東京尾山台的『AU BON VIEUX TEMPS』，以及之後在法國實習的餐廳及巴黎的『Stohrer』等經驗，讓丸岡主廚深受法國傳統甜點及店家的精神所感動，因此自己也決心投入洋菓子製作。回到日本任職於埼玉縣的洋菓子店之後，開始獨立經營此店，猶如正統的法式甜點店般，供應24種小蛋糕、6種大型蛋糕、馬卡龍、巧克力、糖果、果醬，及維也納甜麵包等種類豐富的甜點。「本店魅力是活用粉類材料的美味和口感」，丸岡主廚注入心血，開發了各10種類的小餅乾及半乾甜點，將來也準備用自製的粉類製作小餅乾和麵包。

經營者兼主廚
丸岡 丈二
Jyoji Maruoka

1978年出生於埼玉縣。於老家經營的洋菓子店工作4年後，到東京尾山台的『AU BON VIEUX TEMPS』磨練製菓技術長達9年後前往法國。在巴斯克的『MAISON PARIES』，以及巴黎的『Stohrer』累積經驗，回國後於埼玉縣川口市的『Au Bec Fin』擔任主廚，於2013年10月開設經營『UN GRAND PAS』。

簡單的組成，並藉由烘烤方式決定甜點的美味，這就是我所感受到的甜點魅力。刻意將「Biscuits＝餅乾」放入店名，是因為我想經營一間以精緻小餅乾為店內主角的洋菓子店，這種形式在日本極為少數。為了充分發揮麵粉的甜味、香味及口感，因此購買了德國製的自製麵粉機。希望能藉由自己研磨的麵粉，製作出小餅乾及硬式麵包。而目前也在陸續開發各種生菓子，並且根據客人喜好調整。

UN GRAND PAS

地　址｜埼玉縣埼玉市大宮區吉敷町4-187-1
電　話｜048-645-4255
營業時間｜10點～20點
公休日｜每週一（遇國定假日時於星期二公休）
網　站｜無

Pont-neuf	Conversation	Week-end	Bostock	Croissant aux amandes	Kouign amann	Pain au chocolat	Croissant	Tomato
￥350	￥350	￥1800	￥250	￥300	￥230	￥230	￥220	￥400

Eclair café	Eclair chocolat	Paris Brest	Jardinier	Langue aux fruits	Saisonnier	Biscuit aux fruits
	￥350	￥480	￥2500	￥2400	￥2500	￥3500

Perigord	Safari	Casino de Paris	Ciel d hiver	Exotique noir	Montelimar	Saisonnier	Mont-blanc	Biscuit aux fruits	Chocolat lourd	Verrine riz au lait	Polonaise	Baba	Pample mousse	Figue	Langue aux fruits

【生菓子‧展示櫃】擺放於入口正面的展示櫃最上層陳列著馬卡龍、泡芙、閃電泡芙（Éclair），以及大型蛋糕。下層的小蛋糕則是依照順序，將最新開發的產品陳列於顯眼位置。

【維也納甜麵包‧烘烤塔類】
架上陳列著新橋塔（Pont Neuf）等法式傳統塔類以及維也納甜麵包。維也納甜麵包極受歡迎，經常到下午就會銷售一空。

【小餅乾的展示架】
專門為小餅乾設置的陳列空間。將來計畫增加更多種類。左上方陳列的是當季的果醬。

【法國製的咕咕洛夫烤模】
在法國研修時蒐集的咕咕洛夫烤模（Kouglof）和銅製的平底鍋。

【半乾甜點】
陳列著蛋糕、瑪德蓮和費南雪等10種以上的半乾甜點，也有各種禮盒組合的樣品展示。

Pâtisserie
et
les Biscuits

UN
GRAND
PAS

IL FAUT MANGER POUR VIVRE
ET NON VIVRE POUR MANGER

【本店象徵LOGO】
於北法研修的餐廳內品嚐到青蛙料理，深受感動，而青蛙也帶有「往前跳一大步」的意義，因此將青蛙的足跡作為本店的象徵圖案。

【店內裝潢】
店內以巧克力色統一裝潢。於入口正面放置展示櫃，右邊是半乾甜點和果醬的展示架，左邊的展示架則陳列著各種小餅乾。

Spécialité

巧克力奶油醬蛋糕（Chocolate Roux）

UN GRAND PAS ｜ 作法→P85

將巧克力的魅力極致發揮，熔岩巧克力的進化型

將一般只有在冬季限定販售的熔岩巧克力作為藍本，設計製作出整年都能享用到的巧克力蛋糕。使用了炸彈麵糊的巧克力奶油醬蛋糕，呈現出入口即化的美味口感。和蛋糕中間的安格列斯奶油醬也形成絕妙的搭配。在底部的餅皮中加入肉桂，另外藉由灑在蛋糕上的可可粉、巧克力香堤鮮奶油，以及裝飾的熱可可粒，強調出巧克力甜點的美味。450日圓（含稅）

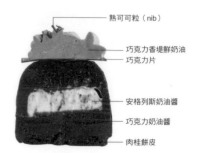

熱可可粒（nib）
巧克力香堤鮮奶油
巧克力片
安格列斯奶油醬
巧克力奶油醬
肉桂餅皮

Point 1 ｜ 肉桂餅皮

先加入溶化的奶油混合攪拌後，再加入麵粉和蛋白霜，藉此減少麵糊氣泡，增加餅皮的光澤

1

將溶化的奶油，加入已混合糖粉和蛋液的生杏仁膏（pate d'amandes cru）中。雖然製作餅皮的麵糊時，會先混合麵粉後再加奶油，但是這裡使用的麵糊比重較重，因此先加奶油攪拌。

2

在麵糊變乾之前加入已經打發起泡的蛋白霜，攪拌的同時將氣泡減少至適當的比例。混合至如右邊照片中出現光澤即為最佳狀態。

3

將烘焙紙鋪於烤盤上，用聖誕樹幹蛋糕（Yule log cake）專用的擠花嘴擠出麵糊。擠出麵糊時必須保持相同的力道，才能成功地烤出厚度均一的漂亮餅皮。

Point 2 ｜ 安格列斯奶油醬

熬煮奶油醬時，加入蛋液前確實加熱，加入後避免過熱並且急速冷卻

1

鍋中加入牛奶、鮮奶油及香草莢並加熱至沸騰。加熱至沸騰可以避免蛋液變硬。白砂糖和蛋液混合後倒入鍋中，徹底將蛋液加熱。

2

加熱熬煮至83～84℃時，立刻將奶油醬過濾至缽盆內。將缽盆隔冰水冷卻，避免蛋液溫度繼續上升。

3

防止表面乾硬及雜菌混入。過濾完成後於缽盆表面封上保鮮膜，並且繼續讓餘熱散去。

Point 3 ｜ 巧克力奶油醬

減少混合材料的溫度差，加入可可粉後迅速攪拌

1

將奶油和炸彈麵糊混合均勻，再加入卡士達奶油醬。為了避免出現溫度差，將卡士達奶油醬的缽盆直火加熱至18℃。

2

將巧克力加熱至40℃後加入奶油醬中，避免巧克力過度冷卻而硬化。如果麵糊出現固化時，可以稍微加熱助於攪拌。

3

一旦加入可可粉後，麵糊會很快就結塊，因此要迅速攪拌。從底部往上翻攪，攪拌至滑順均勻。

狩獵旅行（Safari）

UN GRAND PAS | 作法→P86

巧克力和香蕉的完美組合，表現強烈的濃醇口感

以非洲草原為概念設計的創意蛋糕，是由巧克力和香蕉的巧妙搭配所構成。在模具底部鋪上達可瓦茲餅皮，而內側則使用巧克力餅皮包覆。在巧克力餅皮中添加肉桂粉，烘烤完成後再灑上可可粉，呈現出輕盈感的外觀。濃醇滑順的香蕉慕斯，以及保留口感的煎炒香蕉，一次享受兩種不同的風味。480日圓（含稅）

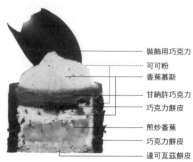

裝飾用巧克力
可可粉
香蕉慕斯
甘納許巧克力
巧克力餅皮
煎炒香蕉
巧克力餅皮
達可瓦茲餅皮

Point

煎炒香蕉

用檸檬汁和黃砂糖
煎炒香蕉，
保留口感

1

香蕉切成厚度約2mm的薄片，放入鍋中並加入黃砂糖加熱，一邊用木鏟攪拌避免燒焦。黃砂糖本身的焦糖風味，能夠增添香蕉的香氣。

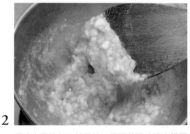

2

溫度上升後加入檸檬汁。檸檬的酸味適合搭配香蕉，也具有防止變色的效果。控制火力避免燒焦，煮到水分蒸散後，如照片中的狀態即可完成。

3

用蘭姆酒炙燒後，倒入矽膠模具中約一半高度，將底部輕敲台面使表面平整，最後放入冷凍庫內凝固。在餘熱尚未散去時放入，有助於提升效率。

無花果蛋糕（Figue）

UN GRAND PAS ｜ 作法→P87

利用開心果杏仁膏，將濃醇的杏仁糕點包覆起來

活用含有杏仁粉或杏仁膏等製作時多餘的杏仁口味糕點，用刮刀切碎保留口感，再添加蘭姆酒醃漬的葡萄乾與蘭姆酒混合，呈現出濃醇的風味，最後用杏桃果醬為整體提升味道的層次感。在杏仁膏中加入開心果，再用奶油及蘭姆酒提高風味，最後將杏仁餡包覆成無花果的造型。底座使用布列塔尼酥餅（Galletes Bretonnes），賦予口感更多變化。420日圓（含稅）

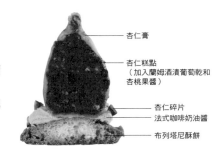

杏仁膏
杏仁糕點（加入蘭姆酒漬葡萄乾和杏桃果醬）
杏仁碎片
法式咖啡奶油醬
布列塔尼酥餅

Point

將剩下的材料再利用

巧妙利用製作時
多餘或剩下的材料，
打造出嶄新口味

1

蒐集製作時剩下的杏仁類糕點，並且用刮刀稍微切碎，儘量保留原本的口感。加入浸漬蘭姆酒1週以上的葡萄乾後，稍微混合攪拌。

2

再加入蘭姆酒，讓味道與香氣更加濃郁。因為加入水分的關係，因此要輕輕地將杏仁糕點攪拌均勻，但注意不要過於細碎而變成粉末。

3

為讓杏仁糕點能夠成形，加入杏桃果醬輕輕地混合均勻。杏桃的酸味能夠讓糕點展現出濃醇的味道及香氣。

Spécialité

巴斯克蛋糕（Gâteau Basque）

UN GRAND PAS | 作法→P88

利用粗砂糖和米粉製作出獨特的巧妙口感

丸岡主廚將研修時期在法國巴斯克品嚐到最美味的巴斯克蛋糕，以更美味的配方呈現出來。巴斯克蛋糕的重點在於餅皮，是否擁有越嚼越香的口感是美味的關鍵，因此使用法國產100%小麥製成的麵粉，再加入米粉增加口感。另外將果醬的糖度提高，凸顯櫻桃的酸味，讓果醬和餅皮完美融合，更添美味。350日圓（含稅）

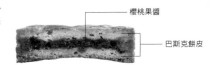

櫻桃果醬

巴斯克餅皮

Point 1 | **巴斯克餅皮**
攪拌時避免混入過多的空氣，製作出帶有嚼勁的口感

1 將奶油和糖粉攪拌均勻後，加入蛋黃和鹽混合。如果拌入過多的空氣，會影響餅皮的口感，因此需要特別注意。加入粉類材料後迅速攪拌，是製作的訣竅之一。

2 加入粗砂糖繼續攪拌。粗砂糖在烘烤後仍會保留原狀，因此能夠呈現出酥脆的口感。在法國也有許多甜點是使用粗粒砂糖來製作。

3 待麵糰中的粗砂糖混合均勻後即可完成。將麵糰用塑膠袋裝起，放入冰箱一晚後，延展成具有嚼勁的4.5mm厚度。

Point 2 | **櫻桃果醬**
用大火於短時間內加熱完成，保持美麗的色澤

1 將櫻桃和檸檬汁加入糖漿內熬煮。為了避免櫻桃煮爛，可以用手持攪拌器將果肉絞碎。為了保留口感，絞碎至適當大小即可，注意不要過碎而變成果醬。

2 再次加熱，並且將表面泡沫雜質撈起。檸檬汁具有防止變色的作用，而撈起表面的泡沫則是幫助去除雜味，讓果醬呈現出澄淨的色澤。

3 在短時間內熬煮完成才能夠保持艷麗的顏色。將火力轉大，但是不要過大而造成燒焦，不斷地從底部攪拌，熬煮到糖度Brix 68%後，即可完成美味的果醬。

Point 3 | **鋪放餅皮（Foncage）**
每個部份都保持4.5mm的厚度，將餅皮仔細貼合模具

1 使用直徑8cm×高1.8cm的圓形模具，鋪上底部的餅皮，注意底部和側邊都要保持4.5mm的相同厚度，多餘的餅皮則往外推開。加入果醬至模具的7分滿。

2 在模具中往外推開的餅皮上，塗上蛋黃液（打散的蛋黃），再蓋上頂部的餅皮，並注意是否確實蓋上沒有空隙。

3 用擀麵棍從上面將多餘的餅皮切除。表面塗上蛋黃液，再用直徑6cm的圓形模具於表面上輕壓出造型後，即可開始烘烤。

ルラシオン
アンル レ ガトー エル カフェ

【 東京都・世田谷區 】

將法國所學的技巧作為基礎
製作出能和咖啡一起享用的美味甜點

　　本店於2013年2月開幕，位於京王線蘆花公園站附近。經營者兼主廚的野木将司為了從基本開始學習法式甜點，在法國的甜點店研修了3年，甚至回國後繼續到『Pierre Hermé』等店研修。野木主廚活用這些豐富的經驗，並以法國傳統甜點為基礎，提供設計精緻的各種甜點。

　　本店最大的特色是，能夠在店內同時享受咖啡和甜點。店內設置了5個吧檯座位的小小咖啡空間，使用『丸山咖啡』的咖啡豆，對於沖泡方式也非常講究，提供義式濃縮咖啡及法式濾壓壺等咖啡。可以在店內同時品嚐到各國的特色咖啡，以及美味的蛋糕。「正在鑽研如何沖出更美味的咖啡，和甜點巧妙地搭配」，野木主廚繼續以嶄新的方式，追尋洋菓子更多的可能性。

經營者兼主廚
野木将司
Masashi Nogi

1978年出生於靜岡縣。於專門學校畢業後，進入（株）Le Saint Honore公司就職。之後前往法國，於巴黎『Laurent Duchêne』以及薩伏依『Maison CHEVALLOT』研修長達3年。回國後任職於『Pierre Hermé Salon de The』、『LE JARDIN BLEU』及『LINDEN-BAUM』，於2013年2月開始經營本店。

　　我以獨立經營為目標，因此在各種類型的洋菓子店累積經驗。在法國的時候，於巴黎的時尚甜點店，學習設計和展示的方式；在郊外的薩伏依則學到了古典的地方傳統甜點。在掌握了各種製菓技巧後，我是懷抱著「只提供自己真正覺得美味的甜點」的想法開始經營本店。往後也會繼續尊崇著法式點心的基礎，並且同時設計出能和咖啡一起享用的甜品。

Relation
entre les gâteaux et le café

地　　址	東京都世田谷區南烏山3-2-8
電　　話	03-6382-9293
營業時間	10點～20點
公 休 日	每週二
網　　站	http://www.relation-entre.com

【店內裝潢・展示櫃】
店內以白色為基調，充滿優雅明亮的氣氛。於店內設置
兩段式的展示櫃及結帳櫃檯，店內一側配置咖啡吧檯，
廚房則設置在展示櫃後方，有效利用寬敞的店面。

【蛋糕】店內固定提供水果蛋糕或檸檬蛋糕等4種基本口味的蛋糕。
尺寸稍小的圓形蛋糕當作贈禮用廣受好評。

【小蛋糕・馬卡龍】
提供約20種類的小蛋糕，有2/3是會隨著季節或是月份更換。超人氣的馬卡
龍種類多達14種。除此之外，平日提供3種大型蛋糕，週末則增加為4種。

【咖啡空間】
於窗邊設置了5個座位的咖啡空間。舒適
的氛圍極受好評，偶爾也有女性獨自一人
或是專為咖啡前來的客人。

【烘烤點心】
陳列著瑪德蓮、堅果類等半乾甜點及小餅乾
各10種。另外也有販售各種切片蛋糕。

【各式糖果】
提供各3種類的棉花糖和蛋白霜糖（馬林
糖），也是贈禮的人氣商品。除此之外，冬
天到春天之際也會提供10多種的巧克力。

【咖啡師】
過去曾經是甜點師的
妻子博子小姐，目前
是擁有日本拉花比賽
得獎經驗的實力派咖
啡師。沖出能夠和甜
點巧妙搭配的香醇咖
啡。

【禮盒類】
店內提供具有季節感的各種樣式
的禮盒組合及禮籃，可供不同客
層或需求選購。

【咖啡專區】
販售單品咖啡等10種特調咖啡。另外也有
販售咖啡豆，經常有客人購買蛋糕的同時
也會選購咖啡豆。

Spécialité

跳躍（Sautille）

Relation entre les gâteaux et le café | 作法→P89

由咖啡豆製作出的奶油醬，呈現出充滿魅力的香郁風味

使用本店咖啡專區販售的『丸山咖啡』品牌當中，巴西產的特調咖啡所開發出的蛋糕。以布朗尼和甘納許巧克力為底，為了強調咖啡的風味和香氣，將咖啡奶油醬以較高的比例組合而成。咖啡奶油醬是由粗研磨的咖啡粉加入鮮奶油內，再萃取過濾而成。為了和鮮奶油中的乳脂肪達成平衡，使用中深度烘焙的咖啡豆，製作出充滿豐富咖啡香氣的奶油醬。450日圓（不含稅）

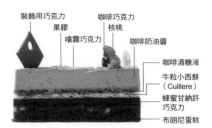

裝飾用巧克力
果膠
噴霧巧克力
咖啡巧克力
核桃
咖啡奶油醬
咖啡酒糖液
牛粒小西餅（Cuillere）
蜂蜜甘納許巧克力
布朗尼蛋糕

Point 1 | 布朗尼蛋糕
混合麵糊時要注意材料的溫度

1

奶油放入微波爐中加熱至常溫，用攪拌器打發至美乃滋狀。若奶油溫度不夠會產生氣泡，烘烤完成後會在蛋糕上出現孔洞。

2

將奶油加入溶化成40～45℃的巧克力中，持續攪拌至使其乳化，直到出現光澤為止。

3

將蛋液、白砂糖和鹽混合溶解後，加入奶油和巧克力並且同時用攪拌器混合均勻。如果蛋液溫度過低，會使巧克力結塊而造成混合不均，因此需事先將蛋液處理至常溫。

Point 2 | 咖啡奶油醬
將咖啡粉浸泡於鮮奶油中，讓鮮奶油充分吸收香氣

1

鮮奶油加熱至沸騰後關火，加入粗研磨的義式濃縮咖啡粉混合，並且浸泡約4分鐘使其吸收香氣。

2

將咖啡的香氣釋出後，用濾網過濾咖啡粉。使用刮刀將咖啡粉中的鮮奶油擠壓出來。

3

由於咖啡粉吸收了部分鮮奶油，因此需要再加入已加熱的鮮奶油，補足被吸收的量。

Point 3 | 組合及裝飾
將咖啡奶油醬隨意擠出花樣，呈現出各種不同的表面造型

1

在1個方形框模中（cadre）倒入2200g的咖啡奶油醬，再用抹刀將表面抹平。

2

剩餘的咖啡奶油醬倒入缽盆中，隔冰水冷卻至容易擠花的軟硬度。最好能夠冷卻到可以拉直的程度。

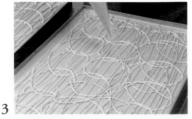

3

將咖啡奶油醬放入擠花袋中，並隨意擠出花樣。刻意擠出不規則的花樣，享受具有變化性的視覺效果。

Spécialité

瑪莉蓮（Marilyn）

Relation entre les gâteaux et le café | 作法→P90

使用擁有獨特風味的馬達加斯加產可可，開發出以巧克力為主題的蛋糕

以馬達加斯加產的可可豆，製造出具有果香及酸味的巧克力（Valrhona公司的Manjari）為主角，開發出此款甜點。將巧克力和炸彈麵糊及7分發泡的鮮奶油混合，製作出幕斯狀的沙巴庸（Sabayon），呈現出滑順的美妙口感。下層的安格列斯香草醬，也同樣使用馬達加斯加產的香草莢，並將味道調和。另外黑白相間的淋面上，展現出成熟感的時尚設計。450日圓（不含稅）

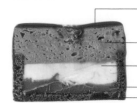

- 巧克力淋面
- 孟加里（Manjari）
- 沙巴庸
- 安格列斯香草醬
- 加勒比（Caraibe）*
- 巧克力奶油醬
- 巧克力杏仁蛋糕

Point

裝飾

使用黑白兩色的巧克力淋面製作出時尚的造型

1 將蛋糕從模具取下後並排於網架上，將蛋糕整體淋上鏡面巧克力。

2 將鏡面白巧克力用攪拌器稍微打發起泡，在蛋糕上淋出一直線。發泡的巧克力會浮現出形狀。

3 用抹刀將鏡面白巧克力抹平後，即可出現黑白點狀的時尚造型。

＊譯註：加勒比（Caraibe）巧克力，同為Valrhona公司販賣的66%黑巧克力。

焦糖脆餅（Florentins）

Relation entre les gâteaux et le café │ 作法→P90

加入水果蜜餞和栗子蜂蜜的獨創組合

除了杏仁薄片之外還加入了水果蜜餞，為整體增添水果的甜味及香氣。而作為甜味來源的蜂蜜，原想用在法國研修時期使用的阿爾卑斯山產蜂蜜，但由於日本無法取得，因此替換成具有類似香氣的義大利產栗子蜂蜜。將阿帕雷蛋奶液（Appaleil）事先製作成片狀冷凍，製作時只要覆蓋在奶油酥餅上烘烤即可。提升製作過程的效率。180日圓（不含稅）

— 阿帕雷蛋奶液

— 奶油酥餅

Point | **組合**
將阿帕雷蛋奶液延展成薄片狀冷凍，提升製作的效率

1
根據烤盤的尺寸，將阿帕雷蛋奶液製作成薄片狀，最後蓋上烘焙紙冷凍。

2
將單面的阿帕雷蛋奶液的烘焙紙撕開，鋪在半烘烤的奶油酥餅上。

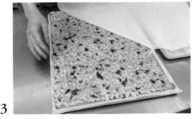

3
輕輕撕開上面的烘焙紙，完成組合。事先準備好阿帕雷蛋奶液，製作時就可以立刻烘烤，因此可提升作業效率。

Spécialité

香橙巧克力蛋糕（Cake Chocolate Orange）

Relation entre les gâteaux et le café │ 作法→P91

自製香橙蜜餞的香氣與巧克力的絕妙搭配

加入可可粉及含有可可比例56%的巧克力，製作出濃醇濕潤的巧克力蛋糕。另外將自製的香橙蜜餞，切成1cm的方形大塊尺寸加入蛋糕中，享受清爽的香橙風味和巧克力的美妙搭配。淋面是由巧克力淋醬（Pate glacer）加入巧克力和杏仁碎屑混合，增加口感。另外提供送禮專用的禮盒，不論是當作伴手禮或是情人節贈禮都廣受歡迎。1100日圓（不含稅）

巧克力淋面

巧克力蛋糕

香橙蜜餞

Point 1　巧克力蛋糕
去除表面泡沫，製作出濕潤柔軟的麵糊

1 將蛋液、白砂糖和鹽放入攪拌機的缽盆內，攪拌直到變成白色為止。使用中低速慢慢攪拌，盡量避免打入空氣。

2 於麵糊中加入鮮奶油。增加濃郁度，可以使蛋糕呈現出柔軟的口感。

3 加入巧克力後，用手持攪拌器立刻攪拌均勻。巧克力凝固後容易於表面產生泡沫，因此建議邊倒入邊攪拌。

Point 2　香橙蜜餞
將自製香橙蜜餞切成大塊混合，提高存在感

1 為了讓香橙的風味更強烈，因此使用自製的香橙蜜餞。切成1cm大小的四方形。

2 將切好的香橙蜜餞加入蛋糕麵糊中，用攪拌器混合均勻。

3 再用刮刀將整體攪拌均勻。切成大塊的香橙蜜餞，提升了麵糰中的存在感。

Point 3　烘烤及裝飾
烘烤完成後立刻刷上糖漿，使糖漿徹底滲透至蛋糕內。

1 在蛋糕麵糊上，擠上一條打發成美乃滋狀的奶油。如此一來蛋糕便能在烘烤完成後，於中間呈現出一條漂亮的切線。

2 蛋糕烘烤完成後，立刻刷上一層熱糖漿。首先將蛋糕橫倒並且打開烘焙紙，於兩側用刷子塗上大量的糖漿。

3 在兩側都塗上糖漿後，將烘焙紙復原包好，再於蛋糕表面塗上大量糖漿。為了防止刷毛掉落，因此使用矽膠製的刷子。

パッション ドゥ ローズ

Passion de Rose

【東京都・港區】

每個月提供不同的鄉土甜點及創意甜點
將基本稍作設計賦予其變化而深受歡迎

　　田中貴士主廚是一位曾經歷『Taillevant Robuchon』等名店，擁有實力及經驗的製菓師。「將自己喜愛的事物組合起來」，因此店名是用「玫瑰」的花語，延伸至「對於所有和洋菓子有關的事物充滿熱情幹勁」的想法而來。在販賣區域約為3坪的小巧空間裡，提供了能夠充分感受到法國精神的甜點，除了喜愛甜點的女性客人之外，當地的國小、國中生到年紀較大的男性客人也會前來選購，廣受各類客群歡迎。

　　店內提供約30種小蛋糕，其中有13種以上是以法國的地方甜點為主題，另外每個月也會提供不同的創意甜點。在法式甜點中加入日本的水果稍作變化，讓客人每個月都能享受到不同的美味。

經營者兼主廚

田中貴士
Takashi Tanaka

1979年出生於埼玉縣。於『Taillevant Robuchon』任職3年學習基礎，在經歷『BENOIT』後遠渡法國。在巴黎的『des GÂTEAUX et du PAIN』擔任副主廚。回國後於『boulangepicier be』及『BENOIT』擔任甜點主廚。經歷『Pierre Hermé 巴黎』副主廚一職後，於2013年4月開始經營『Passion de Rose』。

　　當我在法式小酒館工作時，法國人主廚教會我「簡單的料理才能讓客人印象深刻」，因此在那之後就非常注重如何製作出「食材風味明確的甜點」。將甜點的口味明確化，基本上一種蛋糕只使用2種主要風味，並且最多由5個部分組合而成。創作時不破壞法式甜點的基礎，並利用形狀、顏色或外觀設計來表現出獨創性。另外每個月更換的鄉土甜點，也加入了自己的感性賦予其變化。

Passion de Rose

地　　址｜ 東京都港區白金1-14-11
電　　話｜ 03-5422-7664
營業時間｜ 10點～19點
公 休 日｜ 全年無休
網　　站｜ 無

【烘烤點心】
販售15種半乾甜點，以及10種小餅乾，另外會根據時期不同提供8種達克瓦茲。紅色的禮物外盒分別售價350日圓（大）及250日圓（小）（含稅）。

【維也納甜麵包】
以「本月特製麵包」為主題，提供塔類、可頌麵包、葡萄乾可頌、巧克力可頌以及法式水果麵包等產品。從秋天到春天期間，供應約8種類的麵包。

【店內裝潢】
店面位於從地下鐵白金高輪站走路1～2分鐘可到達的位置。販售區約3坪，內側廚房的大小為6坪。裝潢以令人印象深刻的「紅色」簡潔統一，店內充滿著巴黎街頭的法式甜點店氣氛。

【生菓子‧展示櫃】
提供約30種類的小蛋糕，價格設定在340～620日圓之間。展示櫃中的照明通常使用1根LED燈管，但是本店特別訂製為2根燈管，讓蛋糕淋面的光澤更加美艷誘人。

【本月特製甜點】
「本月特製甜點」像是秋天的蘋果或西洋梨等，使用日本的當季水果加入甜點中，使甜點充滿了季節感及變化的樂趣。

【每月的鄉土甜點】
每個月會以法國各地區設定不同主題，再賦予變化而製作甜點。照片中為11月的「布列塔尼及諾曼第地方」甜點。

【招牌甜點】
展示櫃的下排展示著薩瓦蘭（Savarin）及歐貝拉等，固定販售約17種招牌甜點。

Spécialité

雅馬邑薩瓦蘭（Savarin Armagnac）

Passion de Rose ｜ 作法→P92

用香醇的雅馬邑白蘭地取代蘭姆酒增添香氣

讓田中主廚下定決心成為甜點師的原因，就是品嚐到令人難以忘懷的薩瓦蘭蛋糕。用雅馬邑白蘭地取代一般的蘭姆酒，增添高雅的香氣，而且蜂蜜和發酵奶油的風味也呈現出華麗的美味。巴巴蛋糕（Baba）除了使用高筋麵粉外，也提高了雞蛋的比例。將雞蛋的水分徹底混合進麵粉的攪拌法，再加上烘烤完成後浸漬糖漿20分鐘，避免蛋糕裂開，並且呈現出充滿彈性柔嫩的口感。490日圓（含稅）

香堤鮮奶油
杏桃果膠
巴巴蛋糕

Point 1 ｜ **巴巴蛋糕**
攪拌時避免麵糰溫度上升，製作出具有彈性的麵糰

1 為了讓麵粉確實吸收水分，在使用攪拌機時必須將麵糰溫度保持在40℃以下。使用冷涼狀態的奶油和蛋液，攪拌蛋液時注意不要打出泡沫，確實混合均勻。

2 如果一次將蛋液全加入麵糊裡，會難以和麵粉混合均勻，因此首先加入2/3的量攪拌。當攪拌至麵糊不再黏附於缽盆上時，再將剩下的蛋液分成2次加入。

3 製作完成的麵糊理想的溫度為30℃左右。如果成功地讓麵粉吸收足夠的水分，就能呈現出具有延展性的麵糊，在吸收糖漿時也不會散開。

Point 2 ｜ **巴巴蛋糕糖漿**
將糖漿加熱至50℃

1 將香橙、檸檬和香草香料加入糖漿中，製作巴巴蛋糕糖漿，在浸漬巴巴蛋糕前，需先將糖漿加熱至50℃。若溫度過低，會使糖漿無法完全滲進巴巴蛋糕內。

2 巴巴蛋糕糖漿加熱至50℃後關火，放入巴巴蛋糕並且將烘烤面朝上，浸漬14～15分鐘。若烘烤面朝下會自動翻轉，使蛋糕無法確實吸收糖漿。

3 將巴巴蛋糕翻面並浸漬5分鐘。如果太晚翻面的話糖漿會逐漸冷卻，因此在此步驟時需要特別留意時間。

Point 3 ｜ **杏桃果膠**
使用前再加熱至沸騰，一定要趁熱塗抹

1 將材料加入鍋中，用攪拌器攪拌的同時加熱至沸騰。

2 首先淋上雅馬邑白蘭地增添香氣，1個巴巴蛋糕使用7g。

3 趁熱用刷子將果膠塗在表面上。使用剛沸騰的果膠塗抹，可以讓果膠固定於表面，並呈現出美麗的光澤感。

栗子蛋糕（Châtaigne）

Passion de Rose ｜ 作法→P92

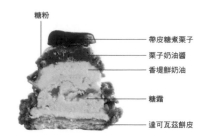

糖粉
帶皮糖煮栗子
栗子奶油醬
香堤鮮奶油
糖霜
達可瓦茲餅皮

使用擁有獨特風味及香氣的法國產栗子為主題的蛋糕

用Sabaton品牌所販賣的AOC法國產栗子命名的蒙布朗。栗子奶油醬是由AOC販賣的栗子奶油及栗子醬製成。為了呈現法國產栗子本身的風味和香氣，製作栗子奶油醬時完全不使用鮮奶油。另外為保持糖霜和餅皮酥脆的口感，不會事先做好放著，而是等客人購買時才會現場組合販售。540日圓（含稅）

Point

組合與裝飾

為保留蛋白霜的口感
購買後才開始
組合蛋糕

1

將達可瓦茲餅皮放入蛋糕碟中，擠出5g的香堤鮮奶油。在餅皮下方也擠上少許香堤鮮奶油，當作黏著的材料。

2

將蛋白霜擠在 1 上面，完成後再擠出15g的香堤鮮奶油。

3

用蒙布朗擠花嘴擠出70g栗子奶油醬。客人購買後再開始組合蛋糕，才能夠保留蛋白霜的口感。

莫加多爾千層派（Mogador Millefeuille）

Passion de Rose | 作法→P92

纖細的法式千層派皮（Feuilletage）與
莫加多爾（Mogador）＊的美妙組合

將巧克力和覆盆子組成的「莫加多爾」，當作千層派皮夾心，組合成極具個性的千層派甜點。
法式千層派皮是採用反摺疊（Inversee）製法，置於冰箱冷藏並且花5天時間不斷反摺製作而
成。不需要另外戳洞，烘烤後派皮會自然隆起，呈現出薄片狀的纖細口感。在派皮與巧克力奶
油醬中間加入海綿蛋糕夾層，避免派皮吸收到濕氣。560日圓（含稅）

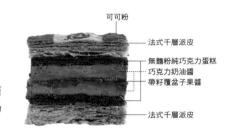

可可粉
法式千層派皮
無麵粉純巧克力蛋糕
巧克力奶油醬
帶籽覆盆子果醬
法式千層派皮

Point

法式千層派皮

製作奶油麵糊（Beurre Manie）
和派皮麵糰（Detrempe）時
注意奶油的溫度設定

1

製作奶油麵糊時，使用剛從冰箱冷藏取出的冰
涼奶油。用攪拌器攪拌至均勻柔軟後，再和高
筋麵粉混合。

2

派皮麵糰使用的溶化奶油，需冷卻到和體溫相
同的溫度後再加入。奶油在40℃以下時，較容
易與麵粉均勻混合。

3

仔細留意奶油的溫度，將奶油麵糊（烘焙紙下
方）及派皮麵糰（烘焙紙上方），控制在同樣
的軟硬度，就能製作出纖細酥脆的千層派皮。

＊譯註：莫加多爾（Mogador），指由覆盆子
與巧克力組合而成的甜點。

Spécialité

Spécialité

15種水果蛋糕（Cake Quinze Fruits）

Passion de Rose ｜ 作法→P93

加入15種水果佔麵糰一半以上份量的華麗組合

Quinze在法文中是指數字「15」。此甜點就如同其名，含有15種類的乾燥水果，並且加入的比例超過阿帕雷蛋奶液的一半以上。能夠享受各種水果的甜味、酸味及口感，是一款充滿華麗感的蛋糕。在眾多乾燥水果當中，將鳳梨、芒果和木瓜等熱帶水果浸漬蘭姆酒。攪拌蛋糕麵糊時徹底乳化，製作出紋理細緻且濕潤的蛋糕。保存期限為30天。1片280日圓（含稅）

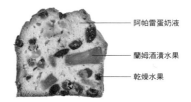

阿帕雷蛋奶液
蘭姆酒漬水果
乾燥水果

Point 1 **阿帕雷蛋奶液**
攪拌時讓麵粉徹底吸收水分

1 在加入蛋液之前，先加熱到體溫的熱度。如此一來便能使麵糰確實乳化且帶有光澤。

2 奶油和細砂糖混合時，將一顆雞蛋分成3次加入，仔細攪拌使麵糰乳化直到出現光澤為止。

3 加入麵粉後攪拌約5分鐘，讓麵粉能確實吸收水分。如果麵糰呈現出黏性時，在烘烤完成後便能夠出現紋理細緻的蛋糕體。

Point 2 **蘭姆酒漬水果**
挑選適合搭配蘭姆酒的水果浸漬

1 在15種乾燥水果當中，挑選熱帶水果等和蘭姆酒適合搭配的10種水果，並浸漬1～2週。

2 若浸漬保存於冰箱冷藏時，需先用微波爐加熱至體溫程度後，再和麵糰混合。

3 用攪拌機稍微攪拌過後關掉攪拌機。最後再用刮刀混合均勻，避免將水果絞碎。

Point 3 **烘烤及裝飾**
烘烤完成後立刻塗上熱糖漿，讓糖漿徹底滲入蛋糕內

1 烘烤約30分鐘後，用刀子在蛋糕中間劃出刀痕，在完成後才能烤出美麗的切線。

2 烘烤完成後，立刻將蛋糕脫模，並且小心將烘焙紙剝開。

3 將加入蘭姆酒的熱糖漿，依照側面、上面的順序，用矽膠製的刷子充分塗抹。在剛出爐的蛋糕上塗抹熱糖漿，能夠使蛋糕確實吸收糖漿。

パティスリー ショコラとリー
シャンドワゾー

【埼玉縣・川口市】

強調主食材味道的同時，也表現出餘味的「輕盈感」
利用獨創的裝飾巧克力，為小蛋糕增添迷人魅力

　　把比利時研修時期學習的正統風味作為基礎，並且將麵糰、奶油及焦糖的硬度稍作調整，展現出「輕盈的口感」。店內提供的20餘種小蛋糕，主要素材的味道濃醇，不過口頰卻留下輕盈的餘韻。賦予甜點誘人的魅力，為客人帶來無限感動，是村山太一主廚製菓的理念，並藉由「裝飾巧克力」技術來提升甜點的美感。另外，村山主廚也在蹦蹦巧克力（Bon Bon）上投注許多心力，隨時提供10種口味，並設置專用的展示櫃以維持品質。利用在比利時學習到的「模具（Mold）」製作，是巧克力的特色之一。除此之外，店內也提供約10種糖果、15種半乾甜點、5種小餅乾、10種維也納甜麵包，以及2種果醬。「和美味的材料相遇的瞬間，就是新作品誕生的時刻」村山主廚如此說道。不侷限於固定的味道和製作方式，追求大眾都能簡單明瞭的「美味」。

經營者兼主廚
村山 太一
Taichi Murayama

1979年出生於琦玉縣。在埼玉縣春日部的『PATISSERIE Chene』研修後，協助浦和『PATISSERIE Acacier』開幕準備，於2007年遠渡比利時，並且在『patisserie YASUSHI SASAKI』等店研修，累積約1年半的經驗。回國後，於2010年10月在埼玉縣川口開始獨立經營『Chant d' Oiseau』。

　　我設計商品時的重點是「素材感」及「輕盈感」。努力做出品嚐時可以立刻知道口味的蛋糕，另外也盡力研究如何留下清爽的餘味。例如「薰草豆巧克力慕斯」這款蛋糕中，為了強調可可亞的存在感，因此避免使用香氣明顯的水果，並藉由口感和滑順感表現出輕盈的感受。另外，也非常講究味道和狀態的變化，讓客人買回家後能夠品嚐到最佳狀態的甜點。像是仔細地調節糖果或焦糖條的加熱程度就是一個例子。

Pâtisserie chocolaterie
Chant d'Oiseau

地　址｜埼玉縣川口市幸町1-1-26
電　話｜048-255-2997
營業時間｜10點～20點
公 休 日｜每週二
網　站｜http://www.chant-doiseau.com/

【生菓子・展示櫃】 展示約20種小蛋糕、4～5種大型蛋糕。另外也供應10種馬卡龍，鮮艷的色彩令人目不轉睛。到了夏天會供應白酒煮桃子等糖漬水果。

【蛋糕】
架上擺放的蛋糕中，全年供應的口味共有6種。其中「柑橘巧克力蛋糕」及「法式水果蛋糕」廣受歡迎。

【烘烤點心】 提供瑪德蓮及蛋糕等15種半乾甜點。加上5種小餅乾，架上共展示約20種烘烤點心。商品陳列方式不擁擠，並且在上層配置花藝作品，提高整體設計感。

【果醬】
照片中為日本國產柑橘及長野縣產的洋李果醬。在春天供應草莓，到了夏天則推出鳳梨和芒果等口味。

【維也納甜麵包】
使用發酵奶油製作的「可頌麵包」，濃郁香氣深受喜愛。加100日圓就能夾Diplomat奶油餡（Diplomat Cream）的加購服務也廣受好評

【巧克力】
巧克力專用的展示櫃中，並列著顏色鮮艷的蹦蹦巧克力（Bon Bon）。到了冬天種類會增加至10種左右。下圖中由左開始依序為「薰草豆」、「櫻桃荔枝」、「綠檸檬」及「熱情」，一個204日圓（不含稅）。

【保冷盒・禮盒】
本店售有保冷盒，價格為大的350日圓及小的300日圓（含稅）。另外贈禮用的禮盒使用了高雅的配色與材質製成。將包裝好的禮盒展示於架上，並且附上清楚的建議用途及價格。

譯註：Diplomat奶油餡，由卡士達醬（pastry cream）和打發奶油（whipped cream）混合而成，混入了打發奶油的空氣，口感更加輕盈

焦糖核桃聖托諾雷泡芙塔（Saint Honoré）

Pâtisserie chocolaterie Chant d'Oiseau ｜ 作法→P94

濃醇的焦糖奶油醬和泡芙脆皮的平衡感是美味關鍵

本產品為秋冬的季節商品。其特色是充滿焦糖香味的濃醇奶油醬，以及存在感不輸給奶油醬的厚燒泡芙脆皮，兩者在味道及口感呈現出完美的平衡。焦糖核桃藉由焦糖化時調節適當的溫度，呈現出口感極佳的軟硬度。而小泡芙在裹糖衣時，追求的不是「鬆軟」，而是「酥脆」的口感。在構成塔皮的千層派皮麵糰上方，擠出一圈厚度較薄的泡芙脆皮，可藉此提高防水性，並且表現出輕盈的口感。510日圓（不含稅）

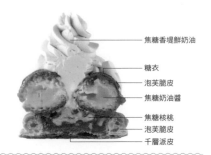

焦糖香堤鮮奶油
糖衣
泡芙脆皮
焦糖奶油醬
焦糖核桃
泡芙脆皮
千層派皮

Point 1 **焦糖核桃**
加熱熬煮至106℃，表現出軟硬適中的焦糖口感

1 在鍋中加入水麥芽、白砂糖和鹽並開火加熱，表面開始冒出焦糖氣泡及熱煙時即可關火。因餘溫會繼續加熱，因此在完成前就必須先關火。

2 在關火的狀態下，加入已經加熱至體溫程度的鮮奶油。雖然已經關火，但是仍具有加熱的效果，因此鮮奶油倒入的速度要快。

3 再次開火加熱熬煮至106℃。藉由這次熬煮可以提高濃度，並且不會變得過硬，因此能夠熬煮出口感軟硬適中的焦糖。

Point 2 **小泡芙裹糖衣**
將焦糖化的糖衣適度冷卻，調整上色程度及黏性

1 將製作糖衣的材料放入鍋中並開火，加熱至冒煙及開始上色時關火。因為餘熱會繼續焦糖化而增加苦味，因此立刻加入少量的水冷卻。

2 加入水之後，為了能迅速冷卻，將鍋子放置於濕涼的抹布上靜置。若裹糖衣時溫度過高，會在表面形成氣泡而破壞外觀，因此需要適度地冷卻。

3 糖衣冷卻的程度以泡芙在沾糖衣時不會往下方滴，並且具有能在1/2個泡芙表面上完整包覆的黏度即可。糖衣會隨著時間冷卻變硬，因此作業時間必須要快速。

Point 3 **組合**
組合小泡芙時賦予整體平衡感，為外觀增添魅力

1 在千層派皮的周圍擠上一圈泡芙皮麵糰後烘烤，製作成塔皮，再填入焦糖核桃。放入的量如果太多，會破壞整體口感，一個塔皮內約放入20g即可。

2 在放入焦糖核桃的塔皮中央，擠上少許香堤鮮奶油。藉此作為接著材料，平衡地固定住3顆小泡芙。

3 在放上小泡芙時，將糖衣滴下來的部分置於內側，讓外觀變得更整齊漂亮。

Spécialité

葡萄柚開心果甜點杯（Verrine Pistache Pamplemousse）

Pâtisserie chocolaterie Chant d'Oiseau ｜ 作法→P95

開心果與葡萄柚搭配出意外的誘人美味

使用玻璃杯與清爽色調搭配的春夏商品。將帶有濃醇風味的開心果慕斯及奶油醬，搭配葡萄柚的新鮮果肉及果凍組合，使酸味提升，呈現出夏天也能清爽入口的輕盈風味及口感。另外在齒頰中留下開心果及濃醇乳香的餘味，提高滿足感。使用粉色及白色2種新鮮葡萄柚，從玻璃杯側面映出華麗的色調搭配。463日圓（不含稅）

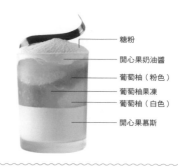

— 糖粉
— 開心果奶油醬
— 葡萄柚（粉色）
— 葡萄柚果凍
— 葡萄柚（白色）
— 開心果慕斯

Point

開心果慕斯

將開心果徹底絞碎，
就能夠製作出具有
滑順柔嫩口感的慕斯

1

將開心果醬加入安格列斯醬中，用打蛋器混合均勻後，再用手持型攪碎器均勻攪拌，呈現出滑順的口感。

2

在冷卻後並呈現出黏稠狀態的1中，加入8分打發的鮮奶油。這時候必須用刮刀從底部往上均勻攪拌，攪拌時不可過於用力，避免破壞氣泡。

3

慕斯在冷卻後會因為變硬，造成倒入杯子時產生氣泡，所以此步驟的作業要迅速。用擠花袋擠入杯子時，注意不要沾到其他部分。

薰草豆巧克力慕斯蛋糕（Mousse au Chocolate Tonka）

Pâtisserie chocolaterie Chant d'Oiseau ｜ 作法→P95

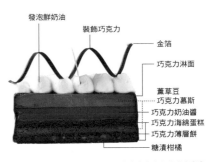

發泡鮮奶油
裝飾巧克力
金箔
巧克力淋面
薰草豆
巧克力慕斯
巧克力奶油醬
巧克力海綿蛋糕
巧克力薄層餅
糖漬柑橘

藉由巧克力的濃郁與薰草豆的香氣生出印象深刻的餘韻

這道甜點是從開店以來就有供應的招牌甜點之一。「想要將巧克力的香氣與味道發揮到極致」抱持著這種想法，而以多層巧克力奶油醬構成了這道甜點。為了減緩奶油的濃郁，因此在中層放進入口即化的薰草豆巧克力慕斯，呈現出輕盈的口感。另外，將奶油醬與慕斯控制在相同的軟硬度，讓食用時每一層的口感能夠一體化。兩者都帶有薰草豆的甘甜香氣，在餘味中留下甜美的餘韻。417日圓（不含稅）

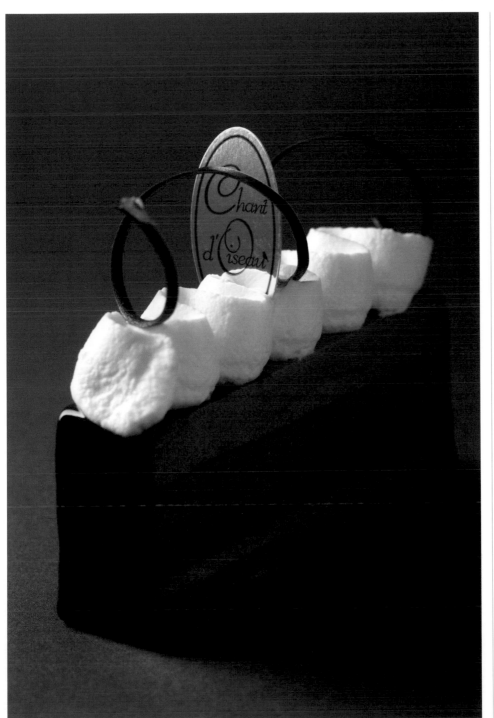

Point

薰草豆巧克力慕斯

仔細地乳化及攪拌，讓慕斯呈現出滑順的口感

1
將安格列斯醬與巧克力乳化後，用冰涼的抹布墊在下方冷卻（建議冬天冷卻至43℃、夏天為42℃）。冷卻後的溫度及濃度，與接下來要加入的鮮奶油較為相近，因此讓兩者處於適合混合的狀態。

2
將鮮奶油（打發至6～7分程度）迅速加入已經乳化的巧克力1中，此時迅速攪拌是關鍵。用打蛋器攪拌可以快速將整體拌勻，並藉此製作出滑順的慕斯。

3
將巧克力和鮮奶油混合至8分均勻時，換成刮刀繼續攪拌。利用刮刀從底部往上持續翻攪，使兩者能夠均勻地融合。

Spécialité

杏仁大理石蛋糕（Cake Marbre aux Amandes）

Pâtisserie chocolaterie Chant d'Oiseau ｜ 作法→P96

杏仁與蘭姆酒的芳醇香氣，賦予蛋糕獨特個性

「想做出一種充滿豐富杏仁香氣的蛋糕」而開發出此款蛋糕。杏仁粉是使用西班牙產的 Marcona品種，其特徵為帶有杏仁的醇厚風味及香甜的香氣。黑蘭姆酒則是選用「Negrita」品牌，提升芳醇且宜人的香氣。另外添加杏仁膏（Lubeca品牌），除了增添杏仁的風味之外，也能夠提高保濕性，製作出濕潤口感的蛋糕。與加入可可粉的麵糰，構成獨特且變化豐富的大理石花樣。1片186日圓（不含稅）

— 蛋糕體（可可亞）
— 蛋糕體（原味）

Point 1 | **蛋糕體**
將奶油和杏仁膏徹底混合均勻，製作出口感極佳的蛋糕

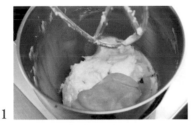

1
若奶油和杏仁膏的軟硬度相似，可以使攪拌更容易。因此可調整從冰箱冷藏取出的時間，使兩者能夠保持在相同溫度。

2
使用機器攪拌混合奶油及杏仁膏。首先用低速攪拌，稍微均勻後改成中速。在接近完成前用高速攪拌，將整體徹底混合均勻。

3
攪拌時，可用刮刀小心刮下附著在攪拌頭上的麵糰。為了避免奶油與杏仁膏混合不夠均勻，因此要將附著的麵糰仔細刮下攪拌。

4
首先加入少量打散的蛋液，並且以低速攪拌，避免麵糰分離。需先將蛋液恢復成和麵糰相同溫度的常溫，避免混合時發生分離的情況。

5
加入少量的打散蛋液後繼續攪拌，剩下的蛋液分成4～5次加入。利用低速慢慢攪拌，可避免分離或出現顆粒狀，製作出滑順的麵糰。

6
攪拌至麵糰發白，呈現出充滿足夠空氣的蓬鬆感後，即可停止攪拌。用橡皮刮刀撈起麵糰時，呈現出緩慢下垂的狀態時，即為適當的麵糰軟硬度。

Point 2 | **組合**
畫出具有節奏感的螺旋狀，製作出美麗的大理石花紋

1
將麵糰放入擠花袋中擠出，提高作業效率。首先將原味的麵糰鋪在烤模底部，再於上方擠出可可亞麵糰。這個流程重複2次。

2
利用粗細度和筷子相似的細長型棒子，製作出大理石花紋。手持細棒在烤模內以螺旋形繞轉，並且從頭到尾都保持著韻律感繞轉，便能夠呈現出充滿氣氛的大理石花紋。

3
由於蛋糕會切片販售，烘烤完成後的中央及左右兩端蛋糕，須保持相同高度。因此在麵糰中間製作出往左右兩邊斜上的曲線，避免在烘烤過程中左右兩端的麵糰往內縮。

W. Boléro

ドゥブルベ・ボレロ
大阪本町店

【 大阪府・大阪市 】

既以「洋菓子店」為名，就想提供真正的美味甜點。
從材料到風味完全堅持講究。

　　每年都會參加「巧克力沙龍展（Salon du Chocolate）」，在日本全國享負盛名的『W. Boléro』，於2013年大阪本町拓展經營2號店。提供巧克力、烘烤點心、生菓子、維也納甜麵包等種類豐富的甜點，在咖啡廳也有供應紅酒。之後也計畫提供熟食，並且以經營法式綜合型洋菓子店為目標。

　　熱愛法國文化的渡邊雄二主廚，想透過商品及店面傳達法國精神。為此，渡邊主廚自己也努力學習法國文化，每年遠渡法國研究當地流行的蛋糕及鄉土甜點。並且將每種甜點一一理解後，用自己的「答案」表現出來。在這過程中最令人感到焦急的，就是材料的差異性。以技術也無法完全複製出的食材的味道，是否能夠不依賴進口產品，而有其他替代的方案呢？抱持著這種想法，決定與本店所在的滋賀縣的農家合作，從材料開始挑戰製作出法國的「道地甜點」。

經營者兼主廚
渡邊 雄二
Yuji Watanabe

1965年出生於三重縣。為經營洋菓子店家族的長男。畢業於立命館大學。在鎌倉的『LESANGES』4年的研修期間，婉拒了法國『Jean Millet』的研修邀請，選擇繼續留在日本。之後就職於老家經營的洋菓子店達11年，最後獨立開店。2004年在滋賀縣守山市經營『W. Boléro』，2013年在大阪市中央區拓展2號店。

> 我認為法式甜點師也應該要擁有料理人般的思考方式。甜點是由各種食材構成。思考著如何將食材的風味引出並活用，挑選更適合的食材，以及磨練出具有判斷能力的感性與味覺。另外，製作生菓子需要纖細的技巧，因此在磨練技術方面，也應不辭辛勞努力精進。如果了解到美味的必要關鍵時，就應該盡心盡力地實踐。我認為這些努力，與追求甜點的美味是息息相關的。

W. Boléro
大阪本町店

地　　址｜ 大阪府大阪市中央區瓦町4-7-4
　　　　　南星瓦町ビル103
電　　話｜ 06-6228-5336
營業時間｜ 10點～20點
公 休 日｜ 每週六
網　　站｜ http://www.wbolero.com

【生菓子・展示櫃】提供20～24種類的小蛋糕。渡邊主廚認為生菓子並不能算是洋菓子店的主要商品，因此將展示櫃設置在店內的最內側。

【Eierschecke奶蛋蛋糕】
德國德勒斯登的知名甜點，也是本店的代表性甜點之一，經常接受媒體採訪。由於店內提供冷藏配送服務，因此廣受訂購及贈禮客層的歡迎。除了本商品之外，渡邊主廚也持續開發能夠冷藏或冷凍宅配的生菓子長型蛋糕。

【介於烘烤點心及生菓子之間的商品】將介於烘烤點心與生菓子之間的甜點，陳列於3個並列的展示櫃正中間的櫃子內。像是本店的知名甜點「奶蛋蛋糕」、「薩赫蛋糕」及「栗子派」（秋季限定）等。「薩赫蛋糕」還有提供送禮專用的木盒。

【生菓子的販售】
固定及季節產品各佔一半比例。將人氣商品固定販售，而固定商品中以蛋糕為主體的甜點佔較多數，像是「歐佩拉」或是抹茶蛋糕「奧莉薇」等，因此在季節商品中推出水果或慕斯等產品，並且避免口感、食材、清爽或濃醇口味等互相重疊。

【咖啡廳】以藍色為基調，打造出令人流連忘返的寬敞空間。供應小蛋糕時，會調整至最適合享用的溫度，飲料也非常講究。自家特調紅茶售價550日圓（不含稅）。也有供應單杯紅酒及白酒各3種，價格為500日圓～（不含稅），續杯價為300日圓～（不含稅）。

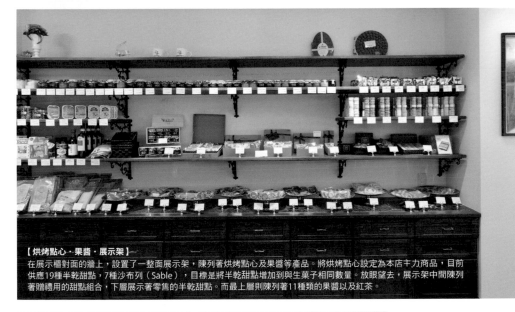

【烘烤點心・果醬・展示架】
在展示櫃對面的牆上，設置了一整面展示架，陳列著烘烤點心及果醬等產品。將烘烤點心設定為本店主力商品，目前供應19種半乾甜點，7種沙布列（Sable），目標是將半乾甜點增加到與生菓子相同數量。放眼望去，展示架中間陳列著贈禮用的甜點組合，下層展示著零售的半乾甜點。而最上層則陳列著11種類的果醬以及紅茶。

【店內裝潢】
營造融合巴黎與維也納都會風情的空間。精心設計的燈光下，顏色較深的甜點也能清楚呈現。店內左邊設有3個展示櫃，右邊為陳列架，咖啡廳在最裡面。將販賣區與咖啡廳區隔開，讓兩邊的客人都能擁有悠閒的空間。

【巧克力】
離入口最近的展示櫃中，排列著渡邊主廚注入心血開發的巧克力。平時供應12～18種類的蹦蹦巧克力（Bon Bon），到了情人節期間則增加到20種，售價為1個200日圓（不含稅）。其特色是猶如法國繪畫般的色彩及纖細圖案。另外也有供應蜜橘巧克力（Orangette）、香腸巧克力（Saucisson chocolate）、以及貝拉維加酥餅（Berawecka）等。夏天暫停供應蹦蹦巧克力，改為販售葡萄酒果凍。

【烤麵包・維也納甜麵包】
供應可頌麵包、可麗露及酷寧阿曼（Kouign amann）等產品。可頌麵包使用獨家方法製作，同時也是咖啡廳菜單上的推薦甜點之一。

Spécialité

茉莉花（Jasmine）

W. Boléro ｜ 作法→P97

花朵與水果的芳香，並藉由兩種不同的口感表現春天氣息

特別為春季活動而設計的蛋糕款式。將花以及水果巧妙地搭配組合，水果的部分選用能夠品嚐到水果風味的巧克力作為代表。為了讓蛋糕主體徹底呈現出茶香，因此使用烏龍茶葉的茉莉花茶而非綠茶。在茉莉花茶以及巧克力慕斯中，加入充滿原野香氣的蜂蜜及濃醇的甘納許巧克力，藉由在口中的溶解時間差異，享受不同的風味及餘韻。460日圓（不含稅）

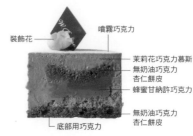

噴霧巧克力
裝飾花
茉莉花巧克力慕斯
無奶油巧克力
杏仁餅皮
蜂蜜甘納許巧克力
無奶油巧克力
杏仁餅皮
底部用巧克力

Point 1 **無奶油巧克力杏仁餅皮**
將全蛋及蛋白徹底打發，讓加入可可粉的餅皮更加蓬鬆

1
將杏仁粉、白砂糖、中筋麵粉全部混合，隔水加熱至35～37℃後，用攪拌機的槳狀攪拌頭（Beater）攪拌至發泡蓬鬆狀。同時在缽盆外側用吹風機加熱，保持麵糊溫度。

2
製作蛋白霜並且打發至最大限度。大約在7～8分發泡時，加入乾燥蛋白（可事先加入少許白砂糖幫助溶解）再繼續打發，直到出現離水狀態後加入白砂糖。加入乾燥蛋白可以避免氣泡被破壞，打發至最大限度。

3
在 1 中加入1/3份量的蛋白霜，用刮刀從底部撈起攪拌，攪拌的同時加入1/3份量的可可粉，並繼續用同樣方式攪拌。陸續加入1/3份量的蛋白霜及可可粉交互攪拌，不必攪拌至完全均勻，保留少許蛋白霜即可完成。

Point 2 **蜂蜜甘納許巧克力**
利用森林芳香的巧克力，並加入草本風味的蜂蜜，呈現出清新花香及多層次口感

1
使用Valrhona品牌的「Jivara Lactee」及Pralus品牌的「Dominicana」兩種巧克力。可可比例75%的「Dominicana」擁有森林般的獨特香氣蜂蜜則是使用法國石灰岩山分布較多的Garrigue地區產的百花蜜，擁有強烈的香草香氣。

2
將鮮奶油、牛奶及蜂蜜混合加熱至沸騰後，加入巧克力溶化，再用手持攪拌機混合並乳化。為避免混入空氣，將刀刃部分確實浸泡於液體中攪拌。

3
將 2 冷卻至35℃後，加入已回溫至室溫的奶油。奶油大約會在40℃時分離，因此要將液體溫度保持在30～35℃左右。甘納許巧克力在口中的溶化速度，會比慕斯來的慢，造成濃醇的餘韻。

Point 3 **茉莉花巧克力慕斯**
利用「Manjari巧克力」的水果風味代表水果，加入茉莉花茶製作慕斯

1
萃取出茉莉花茶的香氣與味道。將鮮奶油加熱至沸騰後，加入茶葉並且用打蛋器混合。加入茶葉會使溫度下降，因此重新加熱至沸騰後關火，蓋上保鮮膜悶熱5分鐘再過濾。再利用茶香鮮奶油製作安格列斯醬。

2
以蒸氣加熱已加了茶香鮮奶油的安格列斯醬（底部不浸在熱水中）至68℃，再過濾加入至茶香鮮奶油與巧克力中。使用網口較細的濾網增加滑順度。巧克力使用有較強酸味及水果風味的Valrhona品牌的「Manjari巧克力」。

3
在 2 中加入1/3的發泡鮮奶油後，開火加熱。溫度上升至40℃後停止加熱，並且加入剩餘的發泡鮮奶油攪拌。發泡鮮奶油是由10～15℃的鮮奶油製作而成。攪拌至35～40℃左右的溫度時較容易乳化，也讓慕斯能迅速於口中溶化。

Spécialité

枯葉（Feuille Morte）

W. Boléro | 作法→P98

咖啡的清香與香料風味，加上完美的口感比例，呈現出高雅的美味

這是一道鋪著咖啡歐蕾以及牛奶巧克力的塔類甜點。咖啡與塔類雖然很容易組合出鄉村風味，不過只要掌握比例就能呈現出高雅的風味。不研磨成細粉，而是將咖啡豆壓碎，萃取出咖啡的清甜風味，加上法國Pralus公司生產的濃醇牛奶巧克力，以及荳蔻和肉桂的香味組合，塔皮則是由2mm厚的巧克力奶油酥餅構成，再加入薄餅脆片增加口感。秋～冬季限定。440日圓（不含稅）

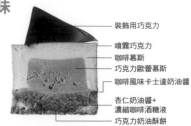

裝飾用巧克力
噴霧巧克力
咖啡慕斯
巧克力歐蕾慕斯
咖啡風味卡士達奶油醬
杏仁奶油醬+
濃縮咖啡酒糖液
巧克力奶油酥餅

Point

咖啡慕斯

將咖啡豆壓碎，可避免出現雜味，萃取出清甜的風味

1

將咖啡豆用擀麵棍壓碎。使用手摘的單品深烘培咖啡豆。酸味較少，風味較濃醇，適合搭配牛奶。

2

將磨碎的咖啡豆加入沸騰的牛奶中，轉成小火並緩慢加熱至90℃後，關火並蓋上鍋蓋，悶熱5分鐘。萃取濃縮咖啡時，若使用咖啡粉會容易出現澀味等雜味，用此方法就能夠只萃取出咖啡的香醇。

3

將咖啡以濾網過濾至細長容器內，同時用刮刀擠壓咖啡豆，使液體完全濾出。過濾完仍會有通過濾網的細碎粉末，因此靜置一段時間沉澱。

焦糖脆餅（Florentins）

W. Boléro | 作法→P99

跳脫一般的概念，以堅果的風味作為主角的全新美味

以「主張堅果的美味」為概念的渡邊主廚風格焦糖脆餅。渡邊主廚認為，現成的杏仁薄片因表面積擴張已失去原有的風味，不適合使用，但在每次準備材料時再切成薄片又不符合效益。因此決定使用數種完整的堅果類組合而成。表面薄薄一層不帶苦味的焦糖，以及5mm厚度的奶油酥餅，都是綜合堅果的最佳配角。鋪上飽滿堅果的塔類造型，令人耳目一新。220日圓。（不含稅）

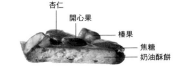

Point | **焦糖牛軋糖**
分次加入少量白砂糖溶解並調整溫度，避免焦糖過早焦化

1
在鍋中（照片中雖為燉鍋，但平常是使用銅鍋及瓦斯爐）加入少許水避免黏鍋，加入水麥芽之後轉成中火。水麥芽溶解之後用木匙攪拌的同時，分次加入少許白砂糖溶解。

2
為了製作出微焦的淺色甜焦糖，因此將白砂糖分次少量加入熬煮，可以避免焦糖過早焦化成褐色。砂糖全部加入後，加熱至焦糖出現沸騰泡泡時關火，才能夠呈現出漂亮的焦糖色。

3
焦糖呈現出恰到好處的褐色時，將混合且加熱至沸騰的鮮奶油、發酵奶油及蜂蜜加入焦糖中熬煮，並且同時確認溫度。溫度達到114℃後關火，並加入烘烤過的堅果。

Spécialité

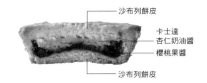

沙布列餅皮
卡士達
杏仁奶油醬
櫻桃果醬
沙布列餅皮

Spécialité

巴斯克蛋糕（Gâteau Basque）

W. Boléro ｜ 作法→P99

嘗試將誕生於巴斯克的鄉土甜點，改造成滋賀縣的地方甜點

鄉土甜點通常是由當地生產的材料製作，因此渡邊主廚將巴斯克產的黑櫻桃果醬替換成當地的水果，2014年的新作品因此而誕生。滋賀縣是本店的所在縣市，而滋賀縣的名產無花果及木莓等，通常是供應新鮮食用，因此目前正在向農家推動栽培酸味較強、適合加工的品種。另外也製作加糖20%，接近水果本身風味的果醬，保存當季的美味。預計在2015年推出「滋賀的巴斯克蛋糕」。280日圓（不含稅）

Point 1　沙布列餅皮
減少粉類的比例，用手徹底混合均勻。擀平的時候盡量減少麵糰的負擔

1 用法國產小麥的中高筋麵粉，加入日本產小麥的低筋麵粉混合成中筋程度。為搭配法國產小麥的濃醇風味，而使用發酵奶油以及蓋朗德產含有豐富礦物元素的細鹽。另外將檸檬果皮磨成細末狀加入白砂糖中，均勻混合成麵糰。

2 混合粉類材料時，首先用刮板混合至8～9成後停止，接著將麵糰取出放置於作業台上。用雙手將麵糰塗抹於檯面後，將整體混合均勻。此動作的目的只是混合均勻，而並非搓揉麵糰，因此不需要過於大力。

3 最後將麵糰擀成比製作時的厚度（6mm）稍厚一些，鋪上塑膠袋之後放入冰箱冷藏靜置一晚。將麵糰稍微延展擀平，之後製作時只要用壓麵機（Sheeter）壓平一次，就能夠達到6mm的厚度，因此能夠將麵糰的壓力降到最低。

Point 2　櫻桃果醬
使用相容性高的果糖，僅加入20%的糖量後熬煮，保留櫻桃本身的水果風味

1 目前販售的巴斯克蛋糕，使用的是櫻桃果醬，為了讓蛋糕風味更接近巴斯克當地的黑櫻桃，因此加入黑莓增加酸味。另外再加入20%量的果糖。

2 首先用中火加熱，沸騰後轉成小火熬煮，並且視情況增減火力。使用燉鍋熬煮也是重點之一。緩慢地加熱可以良好地保留住水果的風味。

3 熬煮約20～30分鐘，直到呈現出濃稠的狀態。藉由熬煮濃縮，不僅能保留水果本身的風味，加入少量的糖也可以使果醬長期保存（冷凍保存）。只要在水果最美味的產季準備好大量的果醬，就能供整年使用，降低材料成本。

Point 3　鋪放塔皮
在表面薄薄塗上一層蛋液，再刻劃出「巴斯克十字架」的花紋

1 將沙布列餅皮放入壓麵機1次，壓成6mm的厚度，用模型壓出直徑7cm的圓形餅皮，再平均鋪在底部直徑5.5cm，上部直徑7cm X 高2cm的圓形模具中。轉角部分也要確實貼合模型。

2 放入果醬及卡士達杏仁奶油醬後，鋪上用直徑6cm模具壓出的沙布列餅皮，再用竹籤刺約5個空氣孔，最後使用毛刷塗上蛋液。

3 表面的蛋液如果塗抹過厚，烘烤後會產生裂痕，因此要特別注意。塗上蛋液後，用叉子刻劃出名為「巴斯克的十字架」的十字形狀。

patisserie
AKITO

パティスリー
アキト

【 兵庫縣・神戶市 】

發揮設計者的想法與創意，
藉由牛奶醬為洋菓子店增添特色

　　因為刊上某全國性雜誌而一躍成名的「牛奶醬」，創造本商品的就是將牛奶醬與小蛋糕作為洋菓子店特色的田中哲人主廚。以「甜點為基本，再加上牛奶醬」為該店定位，將牛奶醬這項特色商品與其他店做出區別。

　　設置於入口正面的展示櫃，擺放種類豐富的小蛋糕，而上方則陳列著一整排的牛奶醬。可以當作焦糖般使用的牛奶醬，也有應用在小蛋糕中。另外還有販售可以沾取牛奶醬享用的烘烤點心「薩瓦蛋糕（Biscuit de Savoie）」，並擺放在顯眼的展示櫃上方。

　　田中主廚認為，牛奶醬的製作程序與時間繁複，因此在果醬專門店比較難以實現。未來也希望能繼續發揮洋菓子店才擁有的美味價值，因此預計在店內設置專門的販售區。

經營者兼主廚

田中 哲人
Akito Tanaka

1967年出生於大阪府。曾任職於神戶Portpia Hotel，以及國際阪急Hotel等，於1999年進入Hotel Piena Kobe的甜點店『菓子s Patrie』就職。2003年就任該店的甜點主廚。設計出的『Milkish 牛奶醬』成為人氣話題，在任職的6年間連續獲得Monde Selection金牌獎。離職後於全國各地舉辦技術推廣活動。2014年開始經營『patisserie AKITO』。

因為長期任職於飯店，因此除了法式甜點之外，也學習了各種甜點的製法與風味。我也藉由這些累積的經驗製作出屬於自己的甜點。對我而言每一天都是在累積經驗，所以設計出的甜點也許就是「當下的集大成」。每種甜點都是由於當時的某種契機或想法而誕生，因此我很重視每個甜點的背後故事，以及風味的組合和平衡感。我所主張的並非食材，而是做出客人在享用時，能夠感受到整體協調的美味甜點。

patisserie
AKITO

地　　址	｜	兵庫縣神戶市元町通3-17-6白山ビル1F
電　　話	｜	078-332-3620
營業時間	｜	10點～19點（咖啡館的最後點餐時間為18點30分）
公 休 日	｜	每週二（遇到國定假日時休隔天）
網　　站	｜	http://www.p-akito.jp

【展示櫃】展示櫃內為生菓子，上方則陳列著牛奶醬以及薩瓦蛋糕，本店的主要商品一目了然。生菓子與牛奶醬的種類比例為6：4。

【牛奶醬】在鋼鍋內細細熬煮2小時的牛奶醬，美妙的滋味令人無法想像只有添加牛奶及砂糖。除了原味之外，還有販售與水果及堅果等的組合約15種類。草莓是使用自家農園栽培的神戶產草莓。玻璃罐上以港都神戶作為代表，由山與海組合而成的標籤設計也廣受好評。

【生菓子】由小蛋糕為主要構成，供應約20種類的生菓子。其中也有將牛奶醬當作焦糖或是果醬部分而製作成的甜點。

【試吃區】
提供客人試吃牛奶醬。牛奶醬在食品法規上屬於乳製加工品。田中主廚希望牛奶醬能夠被認可為果醬類，因此努力推廣，並且提供試吃。

【烘烤點心】
牛奶醬取代烘烤點心的商品構成，因此烘烤點心僅有約10種類。切片與整個的薩瓦蛋糕，兩種類型皆有販售。

【咖啡空間】
設有19個座位的咖啡空間。小蛋糕內用時以佐醬或是奶油醬方式呈現。薩瓦蛋糕會附上牛奶醬。供應咖啡及紅茶（各400日圓，不含稅）等飲料。

【本店LOGO】
將神戶塔以及海鷗作為代表，呈現出港都的洋菓子店意象。雖然田中主廚出生於大阪，但是對緣分深刻的神戶充滿情感。

【店內裝潢】於入口正面設置展示櫃，右邊是烘烤點心的陳列架，而左邊則是咖啡空間。站在廚房時可以透過與店內間的大片玻璃窗，看見店內商品販賣情況以及客人的動態。

Spécialité

柚子牛奶巧克力蛋糕（Citrus Junos & Milk Chocolate）

patisserie AKITO ｜ 作法→P100

牛奶巧克力濃醇風味中散發的柚子清香

本道甜點是田中主廚於2003年就任『菓子s Patrie』主廚時，第一個推出的小蛋糕，自己製作出的甜點成為商品，因此是一道別具意義的甜點。牛奶巧克力與柚子，田中主廚將自己喜愛的味道組合，在濃醇的風味中散發著淡淡的柚子清香。在『patisserie AKITO』，將牛奶巧克力改成Opera公司販售的『Ta Nea』，可可風味強烈且具有醇厚奶香，使巧克力的風味首先呈現出來。450日圓（不含稅）

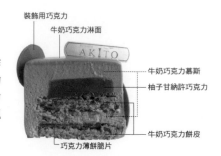

裝飾用巧克力
牛奶巧克力淋面
牛奶巧克力慕斯
柚子甘納許巧克力
牛奶巧克力餅皮
巧克力薄餅脆片

Point 1 　牛奶巧克力餅皮
將牛奶巧克力控制在不會讓麵糊下沉的比例內。並注意溫度、乳化及攪拌方式

1
將全蛋及白砂糖放入攪拌盆內，用打蛋器攪拌頭打至發泡。使用瓦斯噴槍取代隔水加熱，在攪拌盆周圍加熱的同時以低速攪拌。

2
溫度上升至體溫程度時停止瓦斯噴槍加熱，將攪拌機轉至高速攪拌。將麵糊打發至最大極限，直到麵糊往下流會堆積的程度時，轉成低速讓氣泡更細緻，完成後倒入缽盆中。

3
事先將牛奶巧克力與發酵奶油隔水加熱溶化。帶有油分的巧克力與奶油，和帶有水分的蛋液混合時，若出現溫度差會無法順利乳化。因此必須加熱至40℃，使其保持在容易乳化的狀態。

4
首先將少量的2加入3中，並且用攪拌器混合，兩者混合均勻後再加入些許的量繼續混合均勻，使其乳化。如果麵糊沒有徹底乳化，烘烤後的餅皮會出現粗糙的口感，因此要特別注意。

5
加入2並且用刮刀從底部撈起攪拌。含有巧克力的麵糊較容易下沉於底部，因此盡量不要破壞氣泡小心攪拌。

6
為了在不破壞氣泡的情況下攪拌均勻，在即將完成前加入低筋麵粉攪拌。在混合麵粉時，攪拌至紋路完全消失且混合均勻的狀態即可。

Point 2 　牛奶巧克力淋面
為避免干擾風味，加入清爽的太白芝麻油，並靜置1日後再使用

1
將白砂糖及吉利丁溶解於乳類材料中，再加入巧克力乳化，最後加入太白芝麻油混合。太白芝麻油是無臭無味的高品質油，因此可以增加油分而不會干擾風味。完成後放入冷藏靜置一天。

2
靜置一晚後的淋面巧克力呈現出細緻的紋理。使用前首先隔水加熱後，再用濾網過濾，使淋面巧克力更為細緻滑順。

3
當巧克力淋上冷凍過的蛋糕上時會立即凝固，因此迅速且一次完成是製作巧克力淋面時的訣竅。

錫蘭肉桂香蕉慕斯（Cinnamon & Banana Mousse）

patisserie AKITO ｜ 作法→P101

將加入肉桂風味的部分層疊組合，完美呈現出整體調和感

在這道甜點中，並非以加入肉桂的某部分來主張風味，而是在構成的每個部分都加入少許肉桂，製作出帶有整體調和感的「肉桂甜點」。雖然分別加入少許，但是整體加總起來的量也不少，因此選用帶有高雅香氣且幾乎沒有苦味的錫蘭肉桂（斯里蘭卡產肉桂）。搭配上香蕉以及和肉桂與香蕉都能完美搭配的牛奶巧克力，增添濃醇的風味，最後加上酥烤碎餅提升口感，呈現出巧妙的平衡感。450日圓（不含稅）

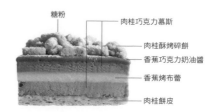

糖粉
肉桂巧克力慕斯
肉桂酥烤碎餅
香蕉巧克力奶油醬
香蕉烤布蕾
肉桂餅皮

Point

肉桂酥烤碎餅

壓入粗格子的濾網，
製作出較大的形狀，為蛋糕
增添極具特色的口感

1
首先將發酵奶油、白砂糖及肉桂粉倒入攪拌機中，並用攪拌頭混合後，再依序加入杏仁粉及低筋麵粉。加入杏仁粉是為了避免油分釋出。

2
蛋糕是由慕斯及烤布蕾這兩個柔軟的部分構成，因此透過網口較大的濾網，製作出顆粒大的酥烤脆餅，以加強整體的口感。

3
平鋪在放有烘焙紙的烤盤上並冷凍，再送進160℃的對流式烤箱烘烤約15分鐘。左側照片為烘烤前，右側則是烘烤後的樣子。

檸檬牛奶巧克力（Lactee Citron）

patisserie AKITO ｜ 作法→P102

融合檸檬與牛奶巧克力美味，並呈現出滑順的口感

大約在20年前，因為參加比賽而前往東京時，在銀座的一間洋菓子店中，品嚐到檸檬與巧克力的甜點而感動不已，自己也想做出這種組合的甜點，因此設計出這款蛋糕。檸檬清爽的酸味首先躍於口中，隨後留下牛奶巧克力的餘韻。以此印象為目標不斷嘗試，最後終於成功實現。檸檬慕斯琳奶油醬的滑順口感是重點之一。溶點較低的奶油所擁有的口感，是無法用吉利丁取代的。450日圓（不含稅）

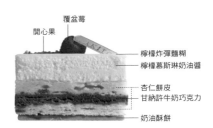

覆盆莓
開心果
檸檬炸彈麵糊
檸檬慕斯琳奶油醬
杏仁餅皮
甘納許牛奶巧克力
奶油酥餅

Point

檸檬慕斯琳奶油醬

注意奶油的溫度及乳化過程，製作出吉利丁所無法呈現的滑順口感

1

奶油大約在40℃溶化，若完全溶化時會因為變質而無法恢復至原狀態。因此軟化奶油時，只要事先放置於30℃以下的室溫即可。使用橡皮刮刀以接近搓揉的方式攪拌，直到呈現出彷彿美奶滋般的柔軟程度。

2

加入少許已經溫熱至體溫程度的檸檬炸彈麵糊（打發狀態的蛋黃、白砂糖以及檸檬泥），用攪拌器混合均勻。呈現出分離狀態之後，麵糊會開始乳化並且變得柔軟。直到出現光澤之後，再繼續加入剩下的量。

3

全部混合均勻後，趁著麵糊還溫熱時，加入發泡鮮奶油混合。溫度過低會造成成分離而無法融合，因此必須趁熱加入。

Specialité

Spécialité

薩瓦蛋糕（Biscuit de Savoie）

patisserie AKITO ｜ 作法→P102

玉米粉的輕盈口感，加上香草誘人香氣的招牌蛋糕

當我得知在法國也幾乎不見其蹤影的薩瓦蛋糕模型，原來是由居住在日本的法國人所製作的傳統設計後，便想要用這個模型來製作蛋糕，這就是傳統甜點「薩瓦蛋糕」的製作契機。和牛奶醬搭配的完美組合，也讓我更加確信這道甜點的魅力。雖然只有雞蛋、砂糖、麵粉及玉米粉等簡單的材料，但是耐熱性高的香草濃縮液在烘烤過後，也能持續散發香氣。1整個1250日圓（不含稅）／1片200日圓（不含稅）

糖粉

薩瓦蛋糕

Point 1 ｜ 事先準備
模型的構造複雜，因此模型的塗油鋪粉必須要仔細小心

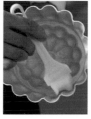

1

事先將無鹽奶油軟化，用刷毛仔細塗抹於模型的邊緣及各個凹凸角落。如果有未塗抹到的位置，會使麵粉無法附著，而讓麵糊直接貼附於模型上，導致脫模困難。

2

加入大量的高筋麵粉，將模型橫擺轉圈，使麵粉能夠完全附著於模型內，完成後將多餘的麵粉倒出。

3

用刮刀輕敲模型外側，將多餘的麵粉敲下。若麵粉塗抹過多，在烘烤完成後會殘留在蛋糕上，因此要特別注意。

Point 2 ｜ 薩瓦蛋糕
攪拌的同時破壞蛋白霜的氣泡，削去較大的氣泡便能製作出紋理均勻的蛋糕

1

將蛋黃與白砂糖用攪拌機高速打發起泡。攪拌至麵糊留下會堆積的狀態為止，此時呈現出黏稠的發泡狀。

2

加入香草濃縮液。香草濃縮液是將香草的高濃度萃取液發酵，提高其耐熱性的商品。只要少量就能有香草原本的香氣，即使加熱後也不會流失。

3

將少許8分打發起泡的蛋白霜加入 2 中，再用刮刀混合均勻。像是破壞蛋白霜的氣泡般，確實混合攪拌。

4

將 2 移到缽盆中，並加入約一半份量的 3 混合。在蛋白霜尚未完全混合均勻時，加入一半份量的粉類材料（事先混合過篩的低筋麵粉和玉米粉）。

5

在粉類材料尚未完全混合均勻前，加入剩下的蛋白霜，再以同樣方式加入剩下的粉類材料，徹底混合至完全看不見粉類材料為止。

6

將麵糊倒入模型中（細部的凹凸處可用擠花袋確實擠入模型中，製作出漂亮的外型），將整個模型敲打檯面消除氣泡。若麵糊內殘留大顆氣泡，燒烤後會出現孔洞，因此要特別注意。

ÉLBÉRUN

エルベラン

【兵庫縣・西宮市】

希望將洋菓子發展成日本文化，
「老字號」第二代繼承者的挑戰

　　於1964年創業的『ÉLBÉ』（於1990年改名為『ÉLBÉRUN』），是一間全國知名的洋菓子名店。甚至有許多家族4代都是常客，其中檸檬派及蛋糕等，都是深受客人喜愛的「ÉLBÉRUN風味」甜點。

　　於2011年接任主廚位置的第二代繼承者柿田衛二，是一位擁有法國研修經驗的甜點師。擁有法國人「提供更美味甜點」的自信，貫徹信念的做法也與『ÉLBÉRUN』極為相似。柿田主廚認為，讓洋菓子成為日本文化的一部分，需要相當的時間，因此下定決心將擁有50年歷史的『ÉLBÉRUN』，繼續傳承發揚成為80年、甚至100年的「老字號」。讓洋菓子不再只是一種流行，而是成為理所當然的存在，並且考慮到未來洋菓子店的定位，因此店內不只有提供蛋糕，而是發展成全方位的洋菓子店，目前正在嘗試推出「將蛋糕帶進日常生活」的企劃案。

經營者兼主廚

柿田 衛二
Eiji Kakita

1972年出生於兵庫縣。1995年進入『德國菓子Geback』就職，於1999年回到『ÉLBÉRUN』。2000年到法國布列塔尼的『Patisserie Le Daniel』，向Laurent Le Daniel學習製菓技術。在伊桑諾國立製菓專門學校研修後，回到日本。多次獲得各項比賽殊榮。2011年開始擔任『ÉLBÉRUN』的第二代主廚，並且重新裝潢經營本店。

　父親的甜點與我的甜點，雖然看似作法不同，但是將「活用材料」奉為圭臬的精神是相同的。以自己的味蕾所挑選出的「優良材料」，製作組合成甜點。材料本身擁有多種風味，以水果為例，不只是甜味與酸味，像是澀味或苦味都是水果本身的味道。製作時並非把這些去除，而是活用各種味道，製作出具有深度的甜點。並試著在真正的味道與想像的味道之間，找出美味與平衡點。

ÉLBÉRUN

地　　址｜兵庫縣西宮市相生町7-12
電　　話｜0120-440-380（0798-74-4349）
營業時間｜8點～18點30分
公 休 日｜每週二（國定假日照常營業），每月休2次星期三
網　　站｜http：//elberun.e-mon.co.jp/

【生菓子・展示櫃】生菓子大約有22種類。其中15～16種為固定商品。像是檸檬派、布丁蛋糕及乳酪蛋糕等多款甜點，是從第一代就擁有相當人氣的商品，不過也隨時推出引入新口味或技術而製成的新產品，讓客人們能夠享受與烘烤點心不同的樂趣。

打開店門首先映入眼簾的是，烘烤點心的展示櫃。生菓子的展示櫃尺寸為7尺，而烘烤點心則長達10尺，由此可知烘烤點心為本店的主力商品。

【冷凍甜點】
本店提供冷凍宅配的甜點有白巧克奶油夾心派「優味」（150日圓，含稅）、派皮加入花粉的牛奶巧克力夾心派「蜂花粉」（150日圓，含稅）等8種類。

【烘烤點心】超人氣烘烤點心含12種類的餅乾、整條蛋糕以及8種半乾甜點。餅乾一片45日圓～（含稅）。另有送禮用禮盒組，禮盒與鐵盒皆為本店原創設計。

【肉派】由曾任職Juchheim Confect的父親衛士廚，持續製作供應的固定商品。幾乎每天早上開店時就供應剛出爐的肉派。

【包裝】
將包裝依照店內形象設計，打造出統一感。在重新裝潢時，為了對店周圍的夙川表達感念之情，因此將夙川的名物「櫻花」作為設計主題。另外，在店名的下方也有「shukugawa」字樣，希望可以藉由禮物發送，讓夙川的名字廣為眾人所知。左側照片為50周年的紀念的限定鐵盒。

『ÉLBÉ』時代的店舖外觀照片，裝飾在店內一角。

左邊為本店創始者柿田衛士廚。在生菓子的全盛時期致力開發餅乾，並製作贈禮用的禮盒，也在冰箱逐漸普及的時代，開發可以冷凍宅配的冷凍甜點，可謂是時代的先驅，另外也開發了多種自創甜點。目前仍會在店內為客人服務。

【店內裝潢】在主廚交接的2011年時，將店內重新裝修，並以夙川的客廳為主題。展示櫃下方代表沙發、繪製書櫃圖案的壁紙、裝飾架，以及在法國購入的馬卡龍繪畫等，呈現出充滿甜點的日常生活空間。

黑醋栗荔枝歐貝拉（Opera）

ÉLBÉRUN ｜ 作法→P103

藉由荔枝香氣與黑醋栗的酸味表現出女性優雅的歐貝拉

抱持著將歐貝拉蛋糕打造成「更具有女性特色的甜點」，並且賦予優雅印象的想法，而設計出此道甜點。將荔枝茶的香氣與黑醋栗組合，刻意利用紅茶的澀味，賦予蛋糕層次感。歐貝拉蛋糕的另一個重點是奶油霜。為了去除令人敬而遠之的沉重黏膩感，因此選用餘味香醇的可爾必思奶油，再藉由黑醋栗的酸味，以及蛋白霜和安格列斯醬，增加輕盈感與風味，製作出「嶄新口味的美味奶油霜」。500日圓（含稅）

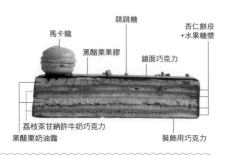

馬卡龍
跳跳糖
黑醋栗果膠
杏仁餅皮＋水果糖漿
鏡面巧克力
荔枝茶甘納許牛奶巧克力
黑醋栗奶油霜
裝飾用巧克力

Point **1**　**荔枝茶的濃縮液**

為了表現出紅茶因此需要本身澀味。用力按壓茶葉，將澀味一併萃取出來

1
將茶葉加入煮沸過的礦泉水中，蓋上蓋子悶熱2分半。軟水較能夠釋出茶葉的精華，因此使用屬於軟水的礦泉水。悶熱泡出較濃的紅茶，可避免被其他材料的味道掩蓋掉。

2
紅茶本身含有澀味及收斂性，此為自然的風味。擁有澀味才能夠呈現出紅茶的特性與深度，因此可大力按壓茶葉，將茶香與澀味萃取出來。為了能夠放心地徹底萃取紅茶，選用了有機栽培的茶葉。

3
加入白蘭地是為了增添風味，因此趁熱加入使酒精揮發。冷卻後即可在製作糖漿、甘納許巧克力以及奶油霜時使用。

Point **2**　**荔枝茶的濃縮液**

將濃縮液分別加入糖漿、甘納許及奶油霜內，為蛋糕整體增添紅茶的層次感

1
在「水果糖漿」中，加入黑醋栗果泥、覆盆莓及檸檬果泥，並且加入荔枝茶的濃縮液。製作完成的糖漿分別以各320g的份量，大量塗抹在4片杏仁餅皮上。

2
「荔枝茶甘納許牛奶巧克力」是由牛奶巧克力、鮮奶油、奶油及荔枝茶濃縮液混合乳化而成。為了能夠薄薄地塗抹在杏仁餅皮上，因此製作出偏向液態的甘納許。

3
這款蛋糕中最重要的部分「黑醋栗奶油霜」。將荔枝茶濃縮液，加入黑醋栗義式蛋白霜中，在享用黑醋栗風味時也能同時感受到荔枝香氣。

Point **3**　**黑醋栗奶油霜**

加入安格列斯醬及蛋白霜的奶油霜，口感輕盈而且美味加倍

1
在蛋黃及白砂糖中加入黑醋栗果泥、增加莓果風味的覆盆莓，以及提升酸味與清爽感的檸檬果泥，打至發泡製作出安格列斯醬。

2
加入已回溫至常溫的奶油。添加屬於油分的奶油時，為了避免油水分離，因此少量分次加入奶油。用攪拌機中速攪拌，最後再用高速調整柔軟程度。

3
在已經打發起泡的黑醋栗義式蛋白霜中，少量分次加入黑醋栗安格列斯醬。在加入過程中會不斷出現分離及乳化狀態，因此攪拌至出現光澤後，再繼續依次加入。徹底將空氣打入其中，可以使奶油霜的口感更為滑順好入口。

Spécialité

鹽味焦糖閃電泡芙（Éclair）

ÉLBÉRUN｜作法→P104

「鹽」的添加使濃醇的焦糖風味更加鮮明出色

在法國研修時期，探訪布列塔尼時第一次品嚐到鹽焦糖的味道。此道甜點則是伴隨著當時的回憶設計出來的。除了引出焦糖甜味之外，也希望能夠同時品嚐到鹽本身的風味，因此選用能夠清楚感受到鹽味的喜馬拉雅岩鹽。另外，將鹽味巧克力藏在中間，巧克力在口中溶化時能夠再次感受到鹽味，增添趣味性。而泡芙脆皮的準備及烘烤也下了一番功夫，避免與超濃醇的焦糖奶油醬產生分離感，巧妙地呈現出完美的平衡。320日圓（含稅）

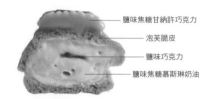

鹽味焦糖甘納許巧克力
泡芙脆皮
鹽味巧克力
鹽味焦糖慕斯琳奶油

Point 1

泡芙脆皮

藉由攪拌發揮出麵粉的強度，烘烤時使內側殘留水分

1

加入蛋液時增加一般攪拌程度。待混合至一定程度後再加入下一個材料。攪拌至足夠的筋度出現，才能將顆粒較粗的法國產麵粉（中高筋麵粉）優點表現出來，也能具有足夠的韌性。

2

於200℃的烤箱烤10分鐘後，調整成190℃並稍微打開烤箱烤15分鐘，再調降為160℃關上烤箱烤10分鐘。如此便能烤出外側硬脆，與奶油醬接觸的內側則保留水分。泡芙皮的麵糰與內餡奶油都使用了雞蛋、牛奶、奶油及麵粉等相同的材料，相似的軟硬度可營造出整體感，泡芙皮內部則烤成接近內餡奶油的質地。

Point 2

鹽味焦糖醬

熬煮至最後將甜味煮散，只留下濃縮的風味

1

將白砂糖與水麥芽加熱，熬煮至細白色泡沫沸騰浮起，下沉後仍繼續加熱。直到熬煮至深褐色大氣泡出現時即可。

祈願的櫻花酒（Sakura Sake）

ÉLBÉRUN ｜ 作法→P105

活用當地日本酒名產，製作出充滿回憶的夙川甜點

為了對西宮夙川表達本店在此經營了50載的感念之情，因此希望能將西宮的名產日本酒作為材料，設計出老少皆宜的酒味甜饅頭般的甜點。以夙川的櫻花街道樹印象相關連的櫻花形狀，加上不會弄髒手的手持棒子，設計出也能當做合格許願的甜點。日本酒與酒粕是使用西宮辰馬本家造酒的「白鹿」清酒，搭配上同樣屬於發酵食品的奶油乳酪，以及白巧克力。可冷凍保存，並宅配至全國各地。3個1組660日圓（含稅）

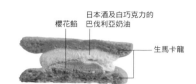

櫻花餡　　日本酒及白巧克力的巴伐利亞奶油　　生馬卡龍

Point

生馬卡龍

使日本酒的酒精揮發，
藉由酒粕
增加芳醇與香氣

1

將牛奶與低筋麵粉用打蛋器混合，並加入日本酒及酒粕。為了讓小孩也能享用而將酒精揮發，因此加入酒粕增添風味與香氣。

2

麵糊加熱，用稍弱的中火確實加熱，將方才加入的酒精揮發。同時用打蛋器混合加熱，直到出現足夠的黏度為止。

3

加入已經混合蛋黃的奶油乳酪。奶油乳酪也屬於發酵食品，因此不會干擾日本酒的風味。若整體沒有混合均勻會破壞口感，這裡使用手持攪拌機，將麵糊攪拌至滑順均勻。

Spécialité

國產檸檬週末蛋糕（Lemon Weekend）

ÉLBÉRUN ｜ 作法→P105

重新詮釋「檸檬」風味，賦予蛋糕新鮮的滋味

春天為瀨戶香＊，初夏至秋天則使用白桃，本道甜點也是只限水果產季販售的假日蛋糕其中一款。日本國產檸檬的盛產期為秋至冬季。新鮮的國產檸檬沒有檸檬的香氣及酸味，因此製作成糖漬檸檬加入蛋糕中，再藉由檸檬糖液增加風味，另外在糖霜上面塗抹檸檬果醬，以增加水果的新鮮感。不過再怎麼說主角還是蛋糕，因此在蛋糕體上不塗抹糖漿，以整體的平衡感表現出「檸檬」的風味。秋～冬季限定。1950日圓（含稅）

檸檬果醬
糖霜
蛋糕體
糖漬檸檬

Point 1 ｜ **糖漬檸檬**
加熱前事先處理成真空狀態，徹底釋出檸檬的風味

1 檸檬連皮切成薄片，活用檸檬本身的苦味。另外加入杏桃，提升果肉感與酸味。為了能徹底吸收檸檬風味，將杏桃置於檸檬下方。

2 加入糖漿後封上保鮮膜，放入900～1000W的微波爐加熱10～12分鐘。隨著冷卻保鮮膜會因為收縮而形成真空狀態。保持此狀態放入冰箱冷藏一晚浸漬。

3 隔水用手持攪拌機將果肉攪碎，並且熬煮至水氣蒸散以及出現透明感為止。檸檬的風味已經完全釋放，因此不會與杏桃產生格格不入的感覺。

Point 2 ｜ **檸檬糖液**
增添檸檬風味，同時也為蛋糕體帶來豐富的層次感

1 選用國產檸檬，因此能安心的帶皮使用。根據不同時期選擇廣島縣或高知縣產的檸檬。果皮磨成泥狀，連果汁共準備235g的份量。大約是7個中型檸檬的量。

2 在檸檬泥中加入含有豐富水分的法國產半乾杏桃、白蘭地以及肉桂粉，提升風味。甜味則是添加糖粉，以及能讓蛋糕濕潤的轉化糖，另外再添加海藻糖調整甜度。

3 利用食物調理機攪拌成泥醬狀。將製作好的檸檬糖液加入蛋糕麵糊中，不僅能夠增添檸檬風味，也可以增加蛋糕的份量感。

Point 3 ｜ **蛋糕體**
不要將奶油煮焦以免遮蓋檸檬風味，製作出口感滑順且紮實的蛋糕

1 若將奶油煮焦，會因為氣味過於強烈而失去檸檬風味，因此奶油加熱時注意不要過焦。在加熱之前先以隔水加熱溶化，直火加熱至水分散發後關火，再繼續隔水加熱。

2 將檸檬糖液、白砂糖、全蛋、低筋麵粉及泡打粉混合，並加入1的奶油，再用手持攪拌機將麵糊乳化。徹底乳化麵糊能讓蛋糕的口感更滑順。

3 烘烤完成後不立刻脫模，而是將模型倒放，倒放可以使浮起來的蛋糕頂面壓平，也藉由重量使蛋糕下沉。將紮實綿密的蛋糕切成薄片享用，正是這道甜點的美味之處。

＊譯註：瀨戶香，日文為「せとか（setoka）」，為日本春天盛產的柑橘料水果。

PATISSERIE

a terre

パティスリー
ア テール

【 大阪府・池田市 】

希望在擁有永續發展特性的郊區
拓展法式甜點的魅力

　　擁有『Laimant館』等名店經歷的新井和碩主廚，於2012年開始經營洋菓子店。比起「高級的贈禮」，其更想以「平易近人的甜點」理念供應法式甜點，因此刻意避開都會區，選擇在大阪郊區經營本店。

　　新井主廚的經營目標不是配合客人的喜好，而是製造出客人與法式甜點相遇的機會。極為喜愛法式甜點的新井主廚說，「因為不知道所以不吃，是一件很可惜的事情」，因此在店內販售巧克力、烘烤點心以及糖果等各種商品，展示櫃中也陳列著精緻的小蛋糕，將法式甜點的樂趣傳達給店內客人。「買一些來嚐嚐看吧！」為了能讓客人能夠無負擔的購買，販售的價格也是平易近人。將材料細分使用，追求味道的極致，以及大人風格的外觀設計都是本店的特徵，不過小學生常客也不在少數，「雖然宣傳效果不及都會區，但是絕對具有持續的實力」新井主廚堅定的說。

經營者兼主廚

新井 和碩
Kazuhiro Arai

1977年出生於兵庫縣。畢業於神戶國際調理師專門學校（現為神戶國際調理製菓專門學校）後，進入神戶的飯店等就職，就職於京都的『Laimant館』（現已關店）6年後，擔任『Coquelin Aine』大阪店製造負責人2年，大阪吹田市的洋菓子店主廚4年後，於2012年11月開始獨立經營『PATISSERIE a terre』。

　　我所製作的甜點是「嚮往法式甜點的日本人專屬甜點」。只是想嘗試製作的甜點，剛好是法式甜點而已。法式甜點中雖然有許多傳統款式，但是也有一看到甜點就立刻知道「這是出自於某某人之手」的時候。雖然是傳統甜點，卻能如此富有個性，我覺得非常不可思議。這種法式甜點的奧妙之處深深吸引著我。「這道甜點好像新井先生的風格啊！」希望我製作的甜點也能被這樣子說。我將以此為目標，製作出屬於自己風格的美味甜點。

PATISSERIE

a terre

地　　址｜大阪府池田市上池田2-4-11
電　　話｜072-748-1010
營業時間｜10點～19點
公 休 日｜每週三
網　　站｜http://aterre.citylife-new.com/

【生菓子‧展示櫃】平日供應約15種，週末則增加至18種的小蛋糕。固定商品及季節性商品各占一半。「焦糖奶油」（250日圓，不含稅）及乳酪蛋糕「W」（380日圓，不含稅）雖然含有酒精，但是也有供應不含酒類的「覆盆莓」（420日圓，不含稅）等固定商品，致力將奶油霜（buttercreme）的美味推廣至大眾。

【巧克力】
店內設有巧克力專用的展示櫃。目前有7種蹦蹦巧克力（Bon Bon），1個180日圓（不含稅）。另外也有販售蜜橘巧克力及片裝巧克力等。巧克力依照類別分為甜巧克力7種、牛奶巧克力4種，以及白巧克力2種。

【烘烤點心】
供應12種半乾甜點，以及6種沙布列餅乾。除了單個販售之外，也提供贈禮用的禮盒。

【各種糕點類】
供應可麗露、布列塔尼蛋塔、聊天蛋糕（conversation）等甜點（250日圓～，不含稅）。整個販售的甜點則有蘋果塔、無花果塔（各1000日圓，不含稅）、巴斯克蛋糕（2000日圓，不含稅）等，雖然沒有每天供應，但是只要蛋糕一出爐，前來的常客就會毫不猶豫的購買。

【簡單的贈禮包裝】
烘烤點心是人氣的零食點心及聚會時的贈禮。左邊照片的展示架上方為「脆餅」。是曾經在『Laimant館』製作過的鄉土甜點，具有份量的包裝，1袋500日圓（不含稅）的親切價格，也是本店的人氣商品之一。下排的左邊為Pastis，右邊則是蛋糕。

【水果軟糖】
深受孩子們的喜愛。有單個販售及5個裝販售，也可以當作小禮物贈人。

【店內裝潢】
店面的一整片玻璃引進柔和的光線。坪數雖小，但是供應生菓子、半乾甜點、沙布列、鄉土糕點、巧克力及果醬等種類豐富的甜點。甜點種類比店內裝飾還豐富，希望挑起客人對於未知甜點的興趣，並將繼續增加更多種類。

黑森林蛋糕（Forêt Noire）

PATISSERIE a terre ｜ 作法→P106

以「黑色的森林」為意象，重新詮釋出黑森林蛋糕的進化版

用來表現出大地的黑色蛋糕，充分吸收了櫻桃酒糖漿，即使冷藏後也能保持柔軟的質地。含有櫻桃酒的清爽白巧克力奶油醬，疊上含有薰草豆香氣且可可感強烈的巧克力奶油醬，最後是外型極具個性的牛奶巧克力薄片，以及1顆櫻桃。將櫻桃酒和薰草豆的香氣混合後，會調和成有如櫻花般的芳香，加上巧克力的風味，呈現出誘人的美妙滋味。秋・冬限定。450日圓（不含稅）

整顆櫻桃
牛奶巧克力薄片
薰草豆巧克力奶油醬
可可粉
白巧克力奶油醬
甘納許巧克力
櫻桃巧克力蛋糕
櫻桃

Point 1　櫻桃巧克力蛋糕
藉由黑糖（Muscovado）提升風味，並使蛋糕徹底吸收櫻桃酒糖漿

1
在麵糊中加入Muscovado黑糖，可增加蛋糕風味。Muscovado黑糖是在菲律賓內格羅斯島上，由不使用農藥及化學肥料栽種出的甘蔗所製成的一種黑糖。含有豐富的鈣質與礦物質元素，味道與黑糖類似，後味清爽。

2
糖漿由水、白砂糖及櫻桃酒一起加熱製成。櫻桃酒選用香味適合此道甜點的Marrene公司產品。也適合搭配「白巧克力奶油醬」中Chocovic公司販售的「OPAL」白巧克力。

3
烘烤完成後，趁蛋糕還溫熱時立刻刷上櫻桃酒糖漿。因為將蛋糕製作為具有彈性且能夠吸收液體的狀態，因此刷塗上大量的糖漿，能使其充滿櫻桃酒的香氣。

Point 2　牛奶巧克力薄片
在簡單的蛋糕上方加上大塊的薄片，為外型增添特色

1
將溶化的巧克力倒在作業台上，並用三角刮板重複延展和集中動作，並以調溫（tempering）方式使巧克力降溫。

2
巧克力開始變硬後，用L型抹刀刮平。稍厚的厚度比較能夠削出大面積的薄片，因此延展出具有厚度的平面。

3
呈現出用手觸摸時指甲有點無法截入的硬度時，使用直徑8cm的圓形模型，利用邊緣的大弧度形狀刮出薄片。

Point 3　裝飾
將薰草豆巧克力奶油醬確實打發泡，並且放上能夠承載薄片重量的足夠份量

1
將調整至40℃的甘納許巧克力，淋上櫻桃巧克力蛋糕。用抹刀將多餘的份量刮去並抹平。側面讓巧克力自然流下即可。

2
將打發至7分發泡的白巧克力奶油醬，用8號圓形擠花嘴擠出。周圍奶油醬是由外側往中心擠出，中間的奶油醬則由下往上擠出圓球狀。

3
將打發至9分發泡的薰草豆巧克力奶油醬，取出橢圓狀置於上方。為了能夠乘載上方的巧克力薄片，因此要確實打發且份量足夠，1個橢圓狀的重量約為20g。

蘭姆酒巴巴蛋糕（Baba au Rhum）

PATISSERIE a terre ｜作法→P107

使蛋糕充分地吸收糖漿，將蘭姆酒的風味發揮至極致

製作巴巴蛋糕時，使用富有香氣的法國產小麥中高筋麵粉，再加上具有筋度的高筋麵粉，提高保水性及強度，即使吸收大量的蘭姆酒糖漿也不會因此變形，製作出口感十足的蛋糕。將麵粉細分為6種類型使用的新井主廚，在麵糰中還添加了灰分值較高的高筋麵粉，提升蛋糕的風味。蘭姆酒漬葡萄乾則是加入濃醇的卡士達鮮奶油餡中，使蛋糕整體充滿蘭姆酒的美味層次感。430日圓（不含稅）

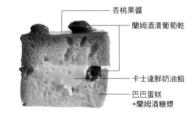

杏桃果醬
蘭姆酒漬葡萄乾
卡士達鮮奶油餡
巴巴蛋糕
+蘭姆酒糖漿

Point | **巴巴蛋糕**
混合3種類型的麵粉，徹底攪拌出麵粉的筋度，提高吸水性及口感

1
照片中由左至右分別為法國產小麥的日本製粉「Merveille」、增加麵糰強度的日清製粉「超級山茶花」，小麥的美味來源「灰分」含量較多的日清製粉「Legendaire」。

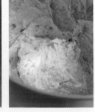

2
加入攪拌機混合時，使用麵包專用的S型鉤狀攪拌頭。確實攪拌出筋度，讓麵糰充分吸收水分，並且製作出具有口感的蛋糕。加入全蛋及牛奶後會出現粗糙感，而且不具有彈性。

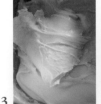

3
攪拌出筋度及韌性，麵糰也呈現出光澤感。將麵糰往上拉提會呈現出延展性。因為只將麵糰發酵一次，因此要確實拌出麵粉的強度。

馬郁蘭蛋糕（Marjolaine）

PATISSERIE a terre ｜ 作法→P107

由餐廳廚房誕生的蛋糕，遵照其製法將美味再現

「馬郁蘭蛋糕」是法國餐廳『Le Pyramide』的經營者主廚－Fernand Point所創造的一款蛋糕。用鮮奶油製作的果仁糖（Praline）奶油醬，以及巧克力皆為特徵之外，餅皮是在前一晚烤成清脆的薄片，放置一晚使其恢復濕氣。忠於此甜點在廚房誕生的背景，將餅皮放置一晚，並且使用羅馬時代遺跡「金字塔」的模型裝飾，代表對原作的敬意。秋～冬季限定。450日圓（不含稅）

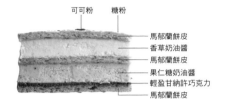

可可粉　糖粉
馬郁蘭餅皮
香草奶油醬
馬郁蘭餅皮
果仁糖奶油醬
輕盈甘納許巧克力
馬郁蘭餅皮

Point

馬郁蘭餅皮

在含有油分較多的堅果麵糊中，加入打發成較硬的蛋白霜，呈現出飽含空氣的輕盈質地

1

將少許白砂糖加入蛋白中。少量分次加入白砂糖，可以打出漂亮的蛋白霜，也能夠避免發生離水狀態。

2

因為馬郁蘭餅皮的油脂成分較多，不容易產生膨鬆感，因此要確實將空氣打入蛋白霜中。白砂糖分3次加入，可以打出較大的氣泡，使麵糊富含空氣。

3

充分打發起泡的蛋白霜。一開始將白砂糖少量分次加入，使其不易產生離水現象，可打發至9～10分發泡的狀態。

Spécialité

紅酒巧克力蛋糕（Cake Chocolate vin Rouge）

PATISSERIE a terre | 作法→P108

與添加香料的紅酒糖煮無花果，組合成奢華的成熟風味

當我和小巧皮薄、西班牙產帕哈涅羅種的無花果乾相遇時，思考著「要如何發揮這種美妙風味呢？」，因此設計出此款香料與巧克力的蛋糕。將無花果乾像「熱紅酒（vin chaud）」般，用添加香料的紅酒糖漿製作成糖煮無花果，並且加入含有Chocovic公司販售、風味強烈的「Kendarit」巧克力麵糊中。無花果的皮不會殘留於口中，因此大量加入也不會影響口感，打造出一款奢華芳醇的大人風味蛋糕。1300日圓（不含稅）

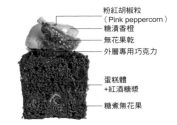

粉紅胡椒粒（Pink peppercorn）
糖漬香橙
無花果乾
外層專用巧克力
蛋糕體 +紅酒糖漿
糖煮無花果

Point 1 **糖煮無花果**
將肉桂、八角及香橙的果皮加入紅酒中，製作糖煮無花果

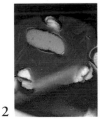

1 照片中右邊為土耳其產、左邊則是西班牙產無花果製成的無花果乾。小巧且皮薄是此種類的特徵。加入蛋糕中果皮不會殘留於口中，品嚐時可以直接感受到其風味，而沒有異物感。

2 將無花果浸漬在香料紅酒中的樣子。將水、白砂糖、肉桂、八角及香橙的果皮放入紅酒中，加熱至沸騰後再加入無花果乾。

3 放入冰箱冷藏浸漬2～3天。如果浸泡太久會因為過軟而使果肉分離，因此浸漬2～3天可以呈現最佳狀態。

Point 2 **蛋糕體**
奶油與蛋液攪拌並調整至25℃，確實攪拌至乳化並呈現出滑順的口感

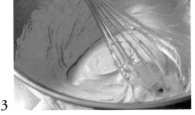

1 將奶油打至軟膏狀。麵糊會加入Chocovic公司販售的「Kendarit」巧克力，為了搭配其風味，因此使用和歐洲相同製法、自然發酵的「高千穗發酵奶油」。

2 加入白砂糖與Muscovado黑糖並混合均勻後，少量分次加入已經打散的全蛋。冬天要將蛋液溫熱，夏天則是使其冷卻，為了能讓奶油和蛋順利乳化，攪拌時的溫度必須調整在25℃左右。

3 雖然加入蛋液會出現分離現象，但是繼續攪拌後便會出現光澤。蛋液與麵糊融合時再繼續加入少量蛋液，少量分次混合均勻。照片中為加完所有蛋液後，順利乳化呈現光澤的麵糊。

Point 3 **將蛋糕浸漬糖漿**
使蛋糕充分吸收「糖漬無花果」的香料紅酒糖漿

1 將製作糖漬無花果時使用的肉桂、八角及香橙果皮紅酒糖漿過濾，準備用來浸漬蛋糕。

2 烘烤完成後趁熱將蛋糕底部以外的表面，浸漬於紅酒糖漿中。此方式比起毛刷塗抹更能充分吸收。若蛋糕冷卻後就會無法吸收糖漿，因此要趁熱作業。

3 將溫熱的蛋糕放置在冷卻架上冷卻。溫度下降的同時，糖漿也會充分浸透於整個蛋糕中。

パティスリー
ミラヴェイユ

【兵庫縣・寶塚市】

比起強烈的主張性，更注重於柔和的口感
以自己的風格加以變化，展現出法式甜點的迷人魅力

曾於神戶的正統法式甜點店任職7年，也擁有法國的M.O.F巧克力專賣店研修經驗的妻鹿祐介主廚，在2011年31歲時，於兵庫縣寶塚市的住宅區內，開始獨立經營洋菓子店。

抱持著「想要做出正統的甜點」的想法的妻鹿主廚經營的洋菓子店內，是以傳統法式甜點製法做出的小蛋糕為主要商品。以「這樣會更好吃」、「這樣外觀更迷人」而賦予蛋糕變化，講究細部的風味與外觀正是甜點的魅力所在。不過，並非展現出強烈的個性，「溫和的風味」才是妻鹿主廚的宗旨。希望能將法式甜點的高級奢侈印象，改變成平常也能夠享用的點心，因此相當注重風味的溫和感。店內也呈現出平易近人的親切氣圍。街上行人紛紛被店外也看得見的展示櫃中的美味甜點以及店內的溫暖氣氛吸引，客層中也不乏全家大小及男性顧客。

經營者兼主廚

妻鹿 祐介
Yusuke Mega

1980年出生於香川縣。1999年畢業於大阪的製菓學校後，就職於兵庫縣的洋菓子店，2004～08年任職於坊佳樹在神戶經營的『Impression』，2009～11年任職於『le plaisir』。2008～09年遠赴巴黎的『Bellouet Conseil』實習，並且於法國洛林的M.O.F巧克力專賣店『Franck KESTENER』研修。於2011年開始獨立經營『Pâtisserie Miraveille』。

我在研修時期曾深受坊佳樹主廚的影響。當時經常被要求用自己的味覺判斷，我想那時候的經驗與我現在製作的甜點有極大的關聯。挑選甜點的材料時，非常重視整體的平衡感。如何呈現出甜味、酸味、苦味及鹽味，將彼此調和並且賦予口感變化。比起一開始的香味，更著重於散發於口中的溫和香氣，以及賦予其美味餘韻。最後是恰到好處的大小。藉由全方位的平衡感，製作出讓客人想一再品嚐的美味甜點。

Pâtisserie

Miraveille

地　址	兵庫縣宝塚市伊孑志3-12-23-102
電　話	0797-62-7222
營業時間	10點～19點
公 休 日	每週三、第2、4個週四
網　站	http://miraveille.com

許多客人會在購買小蛋糕的同時，順便購買單個包裝的甜點。目前巧克力及糖果的種類較少，將來預計增加更多種類。

在入口附近設置木桌，並擺放季節商品及裝飾，為店內增添季節感。

【烘烤點心・糖果・果醬】入口左邊是陳列著烘烤點心的展示架。除了18種類的烘烤點心之外，也陳列著果醬、水果軟糖，以及季節限定的巧克力和棉花糖。另外也供應贈禮用的各款紙盒，自從原創設計的紙盒推出後，購買禮盒的客群也隨之增加。

【周末限定商品】因為周末的客人較多，因此在周末提供多種限定商品。像是蝸牛蛋糕以及閃電泡芙等，都是只有在周末提供的甜點。另外在周末也會烘烤3種可頌麵包。

【店內裝潢】在入口門扇的右邊設置生菓子的展示櫃。烘烤點心的展示架則是在入口左側。本店位於緩坡道路上，因此將展示櫃設置在能從車內看到的位置。展示櫃後方為廚房，可以直接將商品端出，也能夠看見店內客人的樣子。

【展示櫃】最上層陳列著10種馬卡龍，中間層則是泡芙、布丁及塔類。平日供應20種小蛋糕，其中固定商品及季節性商品的數量幾乎一樣。周末則增加約3種六日限定商品。提供派、塔類、泡芙、慕斯、水果等各種類型的甜點，並且配合季節感與配色供應美味甜點。

焦糖香橙聖托諾雷泡芙塔（Saint Honoré）

Pâtisserie Miraveille ｜ 作法→P108

香橙的清爽芳香及焦糖濃醇的組合，呈現出嶄新風味

將焦糖及榛果的濃醇風味，搭配上香橙的清爽感。為了增加口感，因此使用了千層派皮當作塔皮。並且增加少許麵糰韌性，呈現出酥脆的口感。製作焦糖時避免過焦，發揮出柳橙的香氣，另外將小泡芙沾上圓形外觀的焦糖，使外觀充滿可愛的氣氛。雖然賦予些許變化，但是仍然忠實地呈現出蛋糕原貌，是妻鹿主廚所講究的製作重點。秋～冬季限定。410日圓（不含稅）

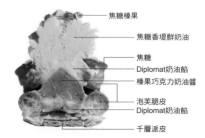

焦糖榛果
焦糖香堤鮮奶油
焦糖
Diplomat奶油餡
榛果巧克力奶油醬
泡芙脆皮
Diplomat奶油餡
千層派皮

Point 1 ｜ 千層派皮
增加帶有風味的高筋麵粉比例並仔細分層，製作口感酥脆的派皮

1
為了呈現出酥脆紮實的口感，因此不使用法式酥脆塔皮，而是使用千層派皮當作塔皮，並且增加高筋麵粉的比例。另外，為了增添麵粉強度及風味，而選用灰分含量較高的日清製粉「Legendaire」（照片中右側）。

2
為增加派皮口感，水及奶油以外的材料都避免冷卻，藉此增加麵糰的筋度。麵糰包覆奶油後，放入壓麵機內壓平。高筋麵粉含量較多，因此難以用手擀平。

3
將壓平的麵糰摺疊成3折，撒上手粉並對齊邊緣摺疊。再放入壓麵機內壓平並摺疊3折後，放入冰箱冷藏靜置。重複同樣動作3次後，就能製作出漂亮的分層。

Point 2 ｜ 香橙焦糖
利用恰到好處的焦糖風味與甜度，充分發揮香橙的香氣

1
將磨成泥的柳橙果皮加入鮮奶油內，加熱至將要沸騰後關火，再蓋上鍋蓋靜置5分左右。藉由餘熱悶燒，可以使柳橙果皮完全釋放出香氣。

2
少量分次加入白砂糖，並且注意不要使砂糖結塊。使用中火加熱，整體都溶化之後熬煮5分鐘左右，會開始出現細小氣泡。這時候就可以關火，再加入1/3量的 1。

3
餘熱會繼續沸騰，因此用打蛋器持續攪拌，直到不再冒出氣泡為止。將剩餘的鮮奶油分2次加入，與焦糖充分混合後倒入鉢盆內，並且隔冰水冷卻。

Point 3 ｜ 小泡芙
小泡芙在沾取焦糖時，製作出圓弧狀的角度增添可愛感

1
用夾子夾住小泡芙下方，於表面沾取焦糖醬。

2
將焦糖面朝下，放置於半球型的矽膠模具內。溫熱的焦糖會自然延展，因此不需要往下施壓。若往下壓會使焦糖變薄，而且會隨著時間而失去酥脆口感。

3
等焦糖完全凝固後，從矽膠模具上取出，再將泡芙放正使其冷卻。圓弧形的焦糖呈現出柔和印象，組合蛋糕時也能增加整體的可愛感。

Spécialité

綠與紅（Verouge）

Pâtisserie Miraveille ｜ 作法→P110

將開心果的風味與紅色果實的酸味組合，享受變化豐富的口感

由綠色（vert）及紅色（rouge）組合成的塔類甜點。紅色水果奶油醬是將檸檬酪醬（lemon curd）以草莓、覆盆莓和紅加侖做變化，製成不含有空氣的奶油醬。並疊上彷彿芙朗甜點（flan）般開心果的蛋黃醬。濕潤的口感於口中持久不散，享受具有豐富變化的風味餘韻。帶有巧克力苦味的超薄1mm奶油酥皮，加入生杏仁膏以呈現出鬆脆的口感，讓蛋糕整體口感平衡，百吃不膩。秋～冬季限定。430日圓（不含稅）

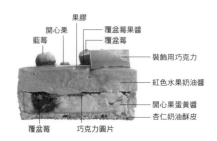

Point

杏仁奶油酥皮

充分烘烤，
並仔細削磨提升口感，
製作出最佳配角的餅皮

1
將杏仁奶油酥皮充分烘烤至餅皮中心。和濕潤的開心果蛋黃醬及濃厚的紅色水果奶油醬組合時，能夠清楚呈現出酥脆的口感。

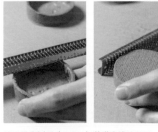

2
使用果皮刨刀（zester）將塔皮邊緣削平。側面及底部邊緣的銳角，也削成滑順的形狀。雖然果皮刨刀是在水果皮磨泥時使用，不過因為可以削出薄且細小的效果，因此也可以應用在修飾塔皮上。

3
左邊為削平前，右邊則是削平後。突出的尖角部分被削平，呈現出漂亮的外觀，也能夠提升口感。

蝸牛（Escargot）

Pâtisserie Miraveille ｜ 作法→P110

將令人感動的美味組合，以自己的方式重新呈現

在大阪的洋菓子店品嚐到由派皮、卡士達醬、香蕉及覆盆莓組合的甜點，深受其美味感動，於是將榛果加入此組合中，並以妻鹿風格呈現出此款甜點。蛋糕整體口感綿密，因此將法式酥脆塔皮烤透，強調其香氣，並在卡士達奶油醬中增加奶油份量，增加份量感。和蛋白霜的比例為8：2，將蛋白霜的比例降低。另外焦糖也充分展現其口感及風味。週六・日限定商品。410日圓（不含稅）

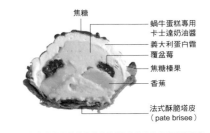

焦糖
蝸牛蛋糕專用
卡士達奶油醬
義大利蛋白霜
覆盆莓
焦糖榛果
香蕉
法式酥脆塔皮
（pate brisee）

Point 1 法式酥脆塔皮（pate brisee）
烘烤透徹，強調餅皮香氣

1
由於本款蛋糕是由奶油醬、蛋白霜及水果等口感柔軟的部分所構成，因此將法式酥脆塔皮烤透，強調其香氣及酥脆口感。

2 義大利蛋白霜
在打發起泡之前加入糖漿，製作出細緻的質地

1
在蛋白打發之前，先加入糖漿攪拌。為了能讓糖漿分散均勻，因此將蛋白加熱至體溫程度，用打蛋器攪拌的同時，少量分次加入117℃的糖漿。

2
因為先加入糖分的關係，會增加打發起泡所需要的時間，也無法呈現出份量感，但是能夠製作出泡沫細緻的蛋白霜。如果質地較細緻，用噴燈燒烤時可以漂亮的上色，氣孔也比較不明顯。

Spécialité

Spécialité

秋天蛋糕（Cake Automne）

Pâtisserie Miraveille ｜ 作法→P111

藉由無花果、香橙與紅酒香氣，為栗子蛋糕增添奢華的風味

這是一款以秋天為主題，並將栗子作為主角的蛋糕。因為只想在蛋糕體中加入栗子醬，因此在栗子蛋糕中添加糖漬栗子。另外加入奶油、蜂蜜及杏仁，避免只有栗子風味而過於單調，再放入切成大塊的紅酒糖漬無花果及糖漬香橙，提升口感及香氣。在蛋糕上塗抹白蘭地與蘭姆酒糖漿，最後淋上含有蘭姆酒的糖霜，讓蛋糕整體充滿高雅的香氣。秋～冬季限定。1200日圓（不含稅）

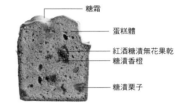

糖霜
蛋糕體
紅酒糖漬無花果乾
糖漬香橙
糖漬栗子

Point 1 | 蛋糕體
在栗子醬中加入奶油、蜂蜜及杏仁提升香氣

1 栗子醬使用法國Impert販售的產品。並加入砂糖及香草，調和栗子的風味。只有添加栗子醬的蛋糕體略顯不足，因此添加奶油及蜂蜜增添風味。

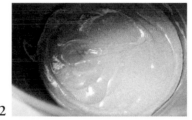

2 將栗子醬、白砂糖、奶油、蜂蜜及蛋液混合完成後，會呈現出接近液體的狀態。因此增加杏仁粉及低筋麵粉比例，並且藉由泡打粉的強度增加蓬鬆感。

3 為了增加麵糰的硬度及風味，選擇顆粒較粗的杏仁粉。為避免攪拌時出現油脂，因此使用攪拌機低速攪拌。

Point 2 | 蛋糕體添加材料
將各材料切成大塊並且最後加入麵糰中，強調在蛋糕體中的存在感

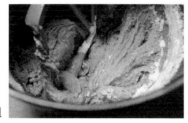

1 麵糰用攪拌機攪拌至如照片中的狀態。在低筋麵粉尚未混合完全時停止攪拌，並將麵糰移至缽盆中。因為麵糰非常柔軟的關係，所以添加材料在最後才加入混合。

2 將添加材料的糖漬栗子及紅酒糖漬無花果，切成較大的1.5cm塊狀。但為避免糖漬香橙喧賓奪主，因此切成較小的5mm尺寸。

3 將添加材料加入麵糰中，使用刮刀從底部往上翻拌混合。攪拌直到添加材料均勻分布，以及低筋麵粉混合均勻的狀態即可。

Point 3 | 烘烤及裝飾
簡單構成也能擁有豐富的表情，為外觀增添迷人樣貌

1 使用深長方型烤模。烤模份量感十足，切片後也能呈現出相當的口感。將麵糰放入已塗油鋪粉的模型內，再輕敲模型底部使麵糰平整。

2 將油化成軟膏狀的奶油放入擠花袋內，並於麵糰中間擠出一條縱向直線。烘烤完成後蛋糕會在直線處呈現切口，使外觀增添造型感。

3 此款蛋糕的風味奢華，因此淋上糖霜營造出特別感。塗抹糖霜時，仔細塗抹至表面的邊緣，盡量不要塗抹到側面，營造出高雅的氛圍。

Recette
作法

Toru Shimada, PÂTISSIER SHIMA
パティシエ シマ
島田 徹

彩色頁
- 店家資訊→P.2
- 渴望→P.4
- 巴黎布雷斯特→P.6
- 聖馬可蛋糕→P.7
- 法式水果蛋糕→P.8

渴望（Envie） 照片→P.4

◆45個份

<奶油酥餅>（準備量）

無鹽奶油（四葉乳業「北海道奶油」）…1500g
香草油…適量
糖粉…750g
全蛋…9個
低筋麵粉（日清製粉「紫羅蘭」）…3000g
泡打粉…26g

1 將油化成軟膏狀的奶油加入攪拌機的缽盆內，並加入香草油後使用抹刀稍微混合，加入糖粉後開啟低速攪拌，避免將空氣打入麵糊中。
2 少量分次加入打散的蛋液。
3 過篩加入低筋麵粉及泡打粉，攪拌混合直到粉類完全混合均勻。
4 用刮刀將缽盆周圍的麵糰刮下，使整體呈現均勻狀態，放入塑膠袋內並靜置於冰箱冷藏一晚。
5 將4用派皮機延展成3mm的厚度，再用直徑5cm的模型押出形狀後，放入180℃的對流式烤箱內烘烤15分鐘。

<烘烤顆粒榛果杏仁達可瓦茲餅皮>
（35cm×50cm的烤盤一片份）

榛果…適量
蛋白霜
┌蛋白…180g
│乾燥蛋白…4g
└白砂糖…60g

杏仁粉…108g
純糖粉…96g
低筋麵粉（日清製粉「紫羅蘭」）…24g

1 榛果稍微烘烤過後，磨成較粗的顆粒。
2 將蛋白、乾燥蛋白及白砂糖放入攪拌缽盆內，用打蛋器攪拌頭（Whipper）打發至充分起泡，製作出蛋白霜。
3 將過篩並混合好的杏仁粉、糖粉及低筋麵粉加入2中混合，攪拌時注意不要破壞氣泡。
4 在35cm×50cm的烤盤鋪上烘焙紙，將3放入擠花袋內，使用直徑1cm的圓形擠花嘴擠出無間隙的直線。再將1均勻地灑於表面，並均勻撒上糖粉2次（份量外）後，放入200℃的對流式烤箱烘烤10分鐘。
5 等餘熱完全降溫後，用直徑5cm的模具壓出形狀。

用圓形擠花嘴從頭到尾擠出粗細均一的直條狀。以相同的節奏均一地擠出才能成功地烤出漂亮的餅皮。

<香草馬斯卡彭起司奶油霜>
（直徑6.5cm×高5cm的薩瓦蛋糕矽膠模具45個份）

北海道馬斯卡彭起司（高梨乳業）…500g
安格列斯香草醬★…750g

1 馬斯卡彭起司從容器取出並放入缽盆內，利用刮刀將分離的乳清和固體部分充分混合。
2 將前一天製作的安格列斯香草醬及1放入攪拌機缽盆內，使用中速攪拌打發起泡。如果過於發泡會破壞安格列斯香草醬中的吉利丁，使蛋糕無法維持形狀，因此注意不要過於發泡，在最後用高速於數秒內打發起泡即可。

★安格列斯香草醬（準備量）

35%鮮奶油
（高梨乳業「Crème fleurette北海道根釧35」）…1000g
馬達加斯加產波本香草…1.5條
蛋黃…275g
白砂糖…275g
吉利丁片…18g

1 鮮奶油放入鍋中，將香草籽從香草莢中取出，並和香草莢一起放入鍋中加熱至沸騰前關火。
2 將蛋黃和白砂糖用攪拌器混合，攪拌均勻。
3 將1加入2內混合均勻後，再倒回1的鍋中，攪拌的同時加熱至83℃。
4 關火，加入已經浸泡水並瀝乾後的吉利丁片，混合使其融化。過濾至缽盆內，底部隔冰水冷卻。待餘熱散去後放入冰箱冷藏靜置1天。

<草莓野玫瑰果圓片>
（直徑6cm×高2cm的矽膠圓形模具45個份）
野玫瑰果果泥（法國Beyer品牌）…450g
礦泉水…75g
白砂糖…200g
吉利丁片…22g
草莓果泥（法國Sicoly品牌）…150g

1 將野玫瑰果果泥從容器中取出，倒入缽盆內混合均勻。
2 在鍋中加入1及礦泉水加熱至沸騰。加入白砂糖混合，直到完全溶解後關火。加入草莓果泥後攪拌均勻，再放入矽膠模具並急速冷凍。

<噴霧白巧克力>（準備量）
白巧克力（Valrhona品牌「Ivoire」）…適量
可可粉…與白巧克力的比例為可可粉2：白巧克力3

1 將白巧克力與可可粉溶解後混合均勻。

<裝飾用白巧克力>（準備量）
白巧克力（Valrhona品牌「Ivoire」）…適量

1 白巧克力放入缽盆中，加熱溶化至40～45℃後，隔冰水降溫至26～27℃，再次加熱至29℃將巧克力調溫。
2 將白巧克力倒在長形格子狀的模紙上，凝固後再用6cm的模型押出形狀。

<組合與裝飾>
香堤鮮奶油（42%鮮奶油、鮮奶油10%份量的白砂糖）…適量
銀箔…適量

1 在直徑6.5cm×高5cm的薩瓦蛋糕矽膠模型中央，擠出香草馬斯卡彭起司奶油霜直到能夠蓋住凹陷處的程度。
2 將草莓野玫瑰果圓片置於中央，並將香草馬斯卡彭起司奶油霜往下擠壓直到模型的9分滿為止。
3 將烘烤顆粒榛果杏仁達可瓦茲餅皮的榛果面朝下，放入模型內，最後再蓋上奶油酥餅。
4 放入冷凍庫使其凝固。
5 將模型倒扣取出蛋糕，噴上噴霧白巧克力，在頂部擠上香堤鮮奶油。放上裝飾白巧克力，最後再裝飾銀箔完成。

巴黎布雷斯特（Paris Brest）照片→P.6

◆50個份

<泡芙脆皮>（直徑6cm×高1.7cm的圓圈模型50個份）
A「無鹽奶油（四葉乳業「北海道奶油」）…240g
牛奶…200g
礦泉水…200g
鹽…4g
└白砂糖…16g
高筋麵粉（日清製粉「山茶花」）…120g
低筋麵粉（日清製粉「紫羅蘭」）…120g
全蛋…8個
杏仁薄片…適量

1 將A放入鍋中加熱至沸騰。
2 高筋及低筋麵粉過篩後放入1中，用木杓攪拌麵糊的同時，加熱熬煮至鍋底形成一層薄膜為止。
3 關火，少量分次加入打散的蛋液，加入後迅速地用木杓攪拌均勻。加入蛋液的同時，將麵糊調整至用木杓撈起後，流下的材料會呈現三角形狀態的程度。

4 將烘焙墊鋪於烤盤上，用8號星型擠花嘴擠出直徑6cm的圓圈。將杏仁薄片灑於表面，再嵌入直徑6cm×高1.7cm的圓圈模型。放入180℃的對流式烤箱中烘烤1小時。

<杏桃甘納許巧克力>（50個份）
杏桃果泥（法國Boiron品牌）…640g
白巧克力（Valrhona品牌「Ivoire」）…840g
杏桃奶油醬（法國Wolfberger品牌）…20g

1 將杏桃果泥加熱至沸騰後，加入白巧克力，用刮刀充分混合至乳化為止，並注意不要混入空氣。
2 加入杏桃奶油醬增添風味，放入冰箱冷藏靜置一晚。

<杏仁榛果慕斯琳奶油醬>（50個份）
杏仁果仁糖…175g
榛果果仁糖…175g
榛果醬…150g
法式奶油醬（Creme au beurre）★…750g
42%鮮奶油
（高梨乳業「特選北海道根釧Fresh Crème 42」）…400g
卡士達奶油醬★…600g

1 杏仁果仁糖、榛果果仁糖及榛果醬分別溶解至方便製作的硬度，混合均勻後，加入法式奶油醬攪拌均勻。
2 將打發至7分發泡的鮮奶油與過濾後的卡士達奶油醬混合均勻。
3 將1和2輕輕攪拌至均勻。

★法式奶油醬（準備量）
全蛋…10個
白砂糖…500g
礦泉水…170g
無鹽奶油（四葉乳業「北海道奶油」）…1600g
馬達加斯加產波本香草莢…1條

1 全蛋及白砂糖50g放入缽盆中，用攪拌器攪拌至呈現出白色發泡狀態。
2 和1同時進行，在鍋中加入礦泉水及白砂糖450g並開火加熱，製作糖漿。附著於鍋子邊緣的糖漿，可用水及毛刷將其刷下，熬煮至115℃。
3 將2的糖漿從1的鍋子邊緣分次少量加入，並同時攪拌至發泡。
4 軟膏狀的奶油加入攪拌缽盆內，用打蛋器打至奶霜狀態。
5 香草莢取出香草籽，將香草莢、香草籽和3加入4中，攪拌至滑順均勻為止。使用時將香草莢取出。

★卡士達奶油醬（準備量）
牛奶（高梨乳業「北海道3.7牛奶」）…600g
馬達加斯加產波本香草莢…1條
蛋黃…7個
白砂糖…150g
低筋麵粉（日清製粉「紫羅蘭」）…29g
玉米粉…20g

1 在鍋中加入牛奶、刮下的香草籽及整條香草莢一起加熱至沸騰。
2 用攪拌器將蛋黃及白砂糖攪拌至呈現白色發泡狀態。
3 將過篩並混合好的低筋麵粉及玉米粉加入2後，徹底混合均勻。
4 將1加入3中混合，再倒回1的鍋中加熱，持續用木杓從底部攪拌。直到呈現出濃稠狀態後關火。於表面密封保鮮膜，放入冰箱冷藏靜置一晚。

<糖煮杏桃>（準備量）
白砂糖…400g
礦泉水…700g
乾燥杏桃…1000g
檸檬果汁…50g
杏桃奶油醬（法國Wolfberger品牌）…100g

1 在鍋中加入白砂糖及礦泉水並開火加熱，熬煮至117℃製作糖漿。
2 加入切好的乾燥杏桃熬煮。熬煮至柔軟但仍保有口感即可關火，加入檸檬果汁及杏桃奶油醬增添風味。

<組合與裝飾>
香堤鮮奶油（42%鮮奶油、鮮奶油10%份量的白砂糖）…適量
裝飾用糖粉…適量
開心果…適量

1　將泡芙脆皮水平橫切1/2，用8號星型擠花嘴，在下半部的泡芙脆皮擠上杏桃甘納許巧克力。
2　在甘納許巧克力上方同樣用8號星型擠花嘴，擠上杏仁榛果慕斯琳奶油醬。
3　在中央凹陷處擠上香堤鮮奶油後，放上3～4片糖煮杏桃，再蓋上上半部的泡芙脆皮。撒上裝飾用糖粉。
4　再次將香堤鮮奶油擠在中央凹陷處，並放上糖煮杏桃以及開心果顆粒裝飾。

聖馬可蛋糕（Saint Marc）照片→P.7

◆5.7cm×3.7cm×高4cm　60個份

<杏仁餅皮>（40cm×60cm的烤盤2片份）
全蛋…7個
杏仁糖粉
┌純糖粉…125g
└杏仁粉…225g
蛋白霜
┌蛋白…337g
└白砂糖…150g
低筋麵粉（日清製粉「紫羅蘭」）…69g
無鹽奶油（四葉乳業「北海道奶油」）…50g

1　將全蛋及杏仁糖粉加入攪拌缽盆內，用電動打蛋器將整體攪拌至白色蓬鬆狀。
2　在另一個缽盆內加入蛋白及白砂糖，徹底打發起泡，製作出蛋白霜。
3　將蛋白霜加入1混合均勻。事先將低筋麵粉過篩3次後，加入蛋白霜中混和均勻，並注意不要破壞氣泡。
4　慢慢加入已溶化的奶油，並且用刮刀將整體攪拌均勻。攪拌至整體完全均勻的狀態即可。
5　在烤盤上鋪上烘焙墊，放上4後放入230℃的對流式烤箱烘烤7分鐘。烘烤完成後，將餅皮從烘焙墊上取下冷卻。

<巧克力香堤鮮奶油>
35%鮮奶油
（高梨乳業「Crème fleurette北海道根釧35」）…1700g
66%巧克力（Valrhona品牌「Caraibe」）…700g

1　鮮奶油打發至6分起泡。
2　巧克力溶化至約50℃。
3　將部分鮮奶油加入巧克力中混合，將溫度調整至40～45℃。
4　剩下的鮮奶油加入3中混合均勻。

<香草香堤鮮奶油>
42%鮮奶油
（高梨乳業「特選北海道根釧Fresh Crème 42」）…1800g
純糖粉…150g
馬達加斯加產波本香草莢…1條

1　將糖粉以及從香草莢刮下的香草籽，加入鮮奶油內並打發至9分起泡。

<炸彈麵糊>
白砂糖…300g
蛋黃…8個
礦泉水…70g

1　白砂糖100g及蛋黃用攪拌器攪拌至發泡。
2　白砂糖200g及礦泉水加熱至121℃，製作糖漿。
3　將2緩慢倒入1中，並同時打發起泡，直到材料從攪拌器流下時，呈現濃稠狀且可以寫出字的狀態為止。

<組合與裝飾>
糖粉…適量

1　準備2片杏仁餅皮，並裁切成40cm×60cm的長方形。將40cm×60cm的框形模具放在烤盤上，再放上1片杏仁餅皮，並將沒有上色的面朝上放置。
2　倒入巧克力香堤鮮奶油。用抹刀將表面抹平後，放入冰箱冷藏使鮮奶油稍微凝固。
3　在2的表面倒入香草香堤鮮奶油，用抹刀將表面抹平後，放入冰箱冷卻凝固。
4　將另一片杏仁餅皮沒有上色的面朝上，均勻塗上一層薄薄的炸彈麵糊後，靜置使其乾燥。
5　在4的表面灑上糖粉，並且炙燒使其焦糖化。重複3～4次後，使表面呈現出漂亮的焦糖狀態。
6　於5的焦糖表面鋪上烘焙紙，再放上硬板將整片倒放，再將焦糖面朝上重疊於2的上方。將框型模具取下，用溫熱的刀子在杏仁餅皮表面劃出3cm×10cm的切線後，再往下分切完成。

法式水果蛋糕（Cake aux Fruits）照片→P.8

◆19cm×8.5cm×高6cm的磅蛋糕烤模8條份

<蛋糕體>
低筋麵粉（日清製粉「紫羅蘭」）…420g
無鹽奶油（四葉乳業「北海道奶油」）…500g
白砂糖…160g
全蛋…500g
蜂蜜…60g
香草油…適量
黑蘭姆酒（Negrita／塗抹蛋糕用）…適量
添加材料
┌蘭姆酒漬水果★
│┌蘭姆酒漬葡萄乾…650g
││蘭姆酒漬蘋果乾…100g
││蘭姆酒漬杏桃乾…70g
││蘭姆酒漬香橙蜜餞…300g
││蘭姆酒漬櫻桃蜜餞…300g
││蘭姆酒漬糖漬櫻桃（紅色）…80顆
│└蘭姆酒漬糖漬櫻桃（綠色）…80顆
│紅酒糖煮無花果★…50g
│紅酒糖煮洋李★…100g
└核桃（烘烤後切成粗顆粒）…30g
※蘭姆酒漬的水果份量，是浸泡吸收蘭姆酒狀態的重量。

1　將低筋麵粉過篩3次，使之充滿空氣。
2　在攪拌缽盆內放入軟膏狀的奶油及白砂糖，用槳狀攪拌頭（beater）攪拌並且拌入空氣。
3　蛋液打散，加熱至36℃後加入2中，再加入蜂蜜混合均勻。
4　加入1及香草油，混合至麵粉完全均勻為止。
5　加入準備好的蘭姆酒漬水果、紅酒糖煮無花果和洋李、以及核桃混合。
6　在磅蛋糕烤模中鋪上烘焙紙，將5加入至烤模的8分滿。輕敲模型底部使麵糊表面平整。
7　放入250℃的對流式烤箱中烘烤8分鐘。取出蛋糕，在表面的中心用刀子劃出縱向的直線，使蛋糕蒸氣能夠由切口散出。
8　再次放入180℃的對流式烤箱中烘烤50分鐘，出爐後立刻將蛋糕從烤模取出。
9　趁熱在蛋糕表面塗上大量的蘭姆酒，使表面呈現濕潤的狀態。

★蘭姆酒漬水果
葡萄乾、蘋果乾、杏桃乾、香橙蜜餞、櫻桃蜜餞、糖漬櫻桃（紅色）、糖漬櫻桃（綠色）…各適量
黑蘭姆酒（Negrita）…適量

1　葡萄乾清洗後放在濾網上將水瀝乾，並與蘋果乾、杏桃乾、香橙蜜餞、櫻桃蜜餞、紅色及綠色的糖漬櫻桃（紅色）放入同一容器內。倒入黑蘭姆酒使之完全浸泡，至少浸漬1個月。
2　確認浸漬的情況，若蘭姆酒的量變少，再加入蘭姆酒使材料能夠完全浸泡。

3 將浸漬完成的蘋果乾、杏桃乾、香橙蜜餞及櫻桃蜜餞，切成1cm大小的塊狀。

★紅酒糖煮無花果／紅酒糖煮洋李（準備量）
半乾無花果⋯200g
半乾洋李⋯200g
紅酒（波爾多產）⋯450g
白砂糖⋯40g
柳橙果皮⋯1個份
紅茶茶葉（大吉嶺）⋯5g
肉桂條⋯1條

1 將所有材料放入鍋中加熱，沸騰後轉小火熬煮40分鐘，使無花果及洋李充分吸收香料風味。
2 關火後鋪上紙蓋，靜置冷卻至常溫。使用前用濾網稍微瀝乾水分。煮爛的就直接使用，形狀較大的可以切半後使用。

Jyoji Maruoka, Pâtisserie et les Biscuits UN GRAND PAS
アングランパ
丸岡 丈二

彩色頁
• 店家資訊→P.10
• 巧克力奶油醬蛋糕→P.12
• 狩獵旅行→P.14
• 無花果蛋糕→P.15
• 巴斯克蛋糕→P.16

1 白砂糖與水加熱至108℃製作糖漿。
2 將蛋黃放入攪拌缽盆中，倒入1的同時攪拌均勻。
3 糖漿和蛋黃混合均勻後，將攪拌盆置於攪拌機上，用高速攪拌混合。呈現出蓬鬆的發泡狀後，轉成中低速緩和，並且使材料溫度降至體溫程度。

★卡士達奶油醬（準備量）
牛奶⋯1000g
香草莢⋯1條
蛋黃⋯10個
白砂糖⋯250g
高筋麵粉（日清製粉「超級山茶花」）⋯100g
無鹽奶油（高梨乳業）⋯100g

1 牛奶加入鍋中。剝開香草莢將香草籽取出，和香草莢一起放入鍋中加熱至沸騰。
2 蛋黃放入缽盆中，用攪拌器打散，加入白砂糖並攪拌至均勻狀態。
3 將過篩後的高筋麵粉加入2中混合。
4 將一部分的1加入3中混合均勻後，加入剩下的1混合，再過濾至原本的鍋中。
5 開中火加熱，同時使用攪拌器持續攪拌熬煮，注意不要燒焦。充分混合加熱，直到呈現出滑順的狀態時加入奶油混合溶解。
6 倒出薄薄一層於金屬盤上，隔冰水迅速冷卻。於表面密封保鮮膜，放入冰箱冷藏保存。

巧克力奶油醬蛋糕
（Chocolate Roux） 照片→P.12
◆直徑5.4cm×高4.8cm的半球型模具80個份

<巧克力奶油醬>
無鹽奶油（高梨乳業）⋯814g
炸彈麵糊★⋯270g
卡士達奶油醬★⋯1356g
53%巧克力（Valrhona品牌「Extra noir」）⋯1122g
42%鮮奶油⋯1320g
義大利蛋白霜⋯使用製作完成的270g
┌白砂糖⋯180g
│水⋯60g
└蛋白⋯90g
可可粉⋯440g

1 將油化成軟膏狀的奶油加入炸彈麵糊中，並用攪拌器均勻混合。
2 卡士達醬加熱至18℃後加入1混合，攪拌時避免混入空氣。
3 加入已溶化至40℃的巧克力混合。
4 與3同時進行準備。將鮮奶油打發至5～6分發泡。白砂糖及水一起加熱至122℃製作好糖漿後，加入打發起泡的蛋白，同時繼續攪拌充分打發，製作義大利蛋白霜。
5 在3中加入可可粉，從底部往上翻攪混合均勻。加入可可粉後會使材料迅速結塊，因此攪拌的動作要快。
6 加入4的鮮奶油混合，義大利蛋白霜則分成4～5次加入，並持續攪拌均勻。

★炸彈麵糊（準備量）
白砂糖⋯500g
水⋯200g
蛋黃⋯16個

<安格列斯奶油醬>（直徑5cm×高3.5cm的矽膠模具80個份）
牛奶⋯572g
42%鮮奶油⋯572g
香草莢⋯1.5條
蛋黃⋯270g
白砂糖⋯162g

1 於鍋中加入牛奶及鮮奶油。將香草莢剝開取出香草籽後，和香草莢一起加入鍋中，開火加熱至沸騰。
2 將蛋黃放入缽盆中，用攪拌器打散，少量分次加入白砂糖，攪拌至均勻狀態。
3 將1加入2中混合，再倒回1的鍋中用刮刀攪拌的同時，開小火加熱。加熱至83～84℃時，若稍微出現黏糊感時，就可過濾至缽盆中。再以隔冰水急速冷卻。
4 待餘熱散去後，將奶油醬擠入直徑5cm×高3.5cm的矽膠模具中，並放入冷凍庫使其凝固。

<肉桂餅皮>（40cm×60cm的烤盤1片份）
生杏仁膏★…390g
純糖粉…100g
全蛋…3個
蛋黃…3個
無鹽奶油（高梨乳業）…175g
玉米粉…45g
可可粉…75g
肉桂粉…17g
蛋白霜
┌ 蛋白…80g
└ 白砂糖…15g

1 在攪拌缽盆中加入生杏仁膏及糖粉，用槳狀攪拌頭以中速攪拌混合。
2 全蛋及蛋黃打散混合，分5次依序加入並混合。攪拌至麵糊呈現出含有空氣的濃稠發泡狀即可完成。
3 將攪拌缽盆從攪拌機取出，加入已溶解的奶油並且用手混合。
4 加入事先過篩並混合好的玉米粉、可可粉及肉桂粉混合均勻。
5 與4同時進行，將蛋白與白砂糖打發至最大限度的發泡狀態，製作出能呈現角狀的蛋白霜。
6 在4中加入5，用手持攪拌器混合，並且適當地破壞氣泡。直到麵糊呈現出光澤感即可。
7 於40cm×60cm的烤盤鋪上烘焙紙，將6用聖誕樹幹蛋糕專用的擠花嘴，擠出薄薄一層後，放入180℃的對流式烤箱烘烤12分鐘。
8 待餘熱散去後，用直徑5.4cm的切模壓出形狀。

★生杏仁膏（準備量）
水…19.5g
蛋白…19.5g
杏仁糖粉
┌ 杏仁粉…195g
└ 白砂糖…195g

1 將所有材料放入攪拌缽盆內，用攪拌機將整體混合均勻。

<巧克力香堤鮮奶油>（準備量）
香堤鮮奶油★…50g
巧克力醬★…20g

1 將巧克力醬溶化至方便製作的軟硬度，加入香堤鮮奶油中混合均勻。

★香堤鮮奶油（準備量）
42%鮮奶油…100g
白砂糖…10g

1 將鮮奶油與白砂糖攪拌至7分發泡狀態。

★巧克力醬（準備量）
A ┌ 可可粉…50g
  │ 牛奶…250g
  │ 42%鮮奶油…50g
  │ 水麥芽…20g
  │ 白砂糖…20g
  └ 53%巧克力（Valrhona品牌「Extra noir」）…100g
無鹽奶油（高梨乳業）…20g

1 事先將A的可可粉過篩。將A加入鍋中加熱至沸騰後關火。
2 加入奶油，用手持型攪拌機使材料徹底乳化後，用濾網過濾至金屬盤上。待餘熱散去後放入冰箱冷藏保存。

<巧克力片>（準備量）
55%巧克力（Valrhona品牌「Equatoriale noir」）…適量

1 巧克力加熱至50～55℃。再降溫至27～29℃，接著再加熱至31～32℃調溫。
2 將巧克力倒薄薄一層於OPP塑膠紙上，並且用抹刀將表面抹平。
3 凝固後用刀子切成5cm的正方形。

<組合與裝飾>
可可粉…適量
熟可可粒…適量

1 在直徑5.4cm×高4.8cm的半球型模具中，擠入1/3的巧克力奶油醬。
2 於中央放入安格列斯奶油醬，再將巧克力奶油醬擠滿模具，蓋上肉桂餅皮後放入冷凍庫冷卻凝固。
3 將2的模具置於熱水上，並將模具倒扣使肉桂餅皮置於底部脫模。表面的巧克力奶油醬呈現出稍微溶化的狀態，此時將整體撒上可可粉，並且將巧克力片放置於頂部。
4 將巧克力香堤鮮奶油擠出1cm高度，再撒上熟可可粒即可。

狩獵旅行（Safari） 照片→P.14

<巧克力餅皮>（40cm×60cm的烤盤1片份）
生杏仁膏★…390g
純糖粉…100g
全蛋…3個
蛋黃…3個
無鹽奶油（高梨乳業）…175g
玉米粉…45g
可可粉…75g
肉桂粉…17g
蛋白霜
┌ 蛋白…80g
└ 白砂糖…15g

1 在攪拌缽盆中加入生杏仁膏及糖粉，用槳狀攪拌頭以中速攪拌混合。
2 全蛋及蛋黃打散混合，分5次依序加入並混合。攪拌至麵糊呈現出含有空氣的濃稠發泡狀即可完成。
3 將攪拌缽盆從攪拌機取出，加入已溶解的奶油，用手攪拌均勻。
4 加入事先過篩並混合好的玉米粉、可可粉及肉桂粉混合均勻。
5 與4同時進行，將蛋白與白砂糖打發至最大限度的發泡狀態，製作出能呈現角狀的蛋白霜。
6 在4中加入5，用手攪拌均勻，並且適當地破壞氣泡。直到麵糊呈現出光澤感即可。
7 於40cm×60cm的烤盤鋪上烘焙紙，將6用聖誕樹幹蛋糕專用的擠花嘴，擠出薄薄一層後，放入180℃的對流式烤箱烘烤12分鐘。

★生杏仁膏（準備量）
水…19.5g
蛋白…19.5g
杏仁糖粉
┌ 杏仁粉…195g
└ 白砂糖…195g

1 將所有材料放入攪拌缽盆內，用攪拌機將整體混合均勻。

<達可瓦茲餅皮>（直徑3.5cm 46個份）
蛋白…80g
杏仁糖粉
┌ 杏仁粉…67.5g
└ 白砂糖…67.5g

1 將蛋白徹底打發起泡，製作蛋白霜。
2 加入杏仁糖粉混合，並注意不要破壞氣泡。
3 烤盤鋪上烘焙紙，將2用6號圓形擠花嘴，擠出直徑3.5cm的漩渦狀圓形。再放入180℃的對流式烤箱內烘烤10～15分鐘。

<煎炒香蕉>（直徑5cm×高3.5cm的矽膠模具40個份）
香蕉…900g
黃砂糖…300g
檸檬汁…適量
黑蘭姆酒（Negrita）…適量

1 香蕉切成2mm厚度，與黃砂糖一起放入銅鍋內，加熱的同時用木杓混合攪拌。
2 加熱到一定程度後加入檸檬汁，以不至於燒焦的火力煎炒香蕉，使水分散發。如果不小心燒焦會出現難聞的氣味，因此要注意火力。
3 香蕉炒到變小塊之後，倒入蘭姆酒炙燒。

4 煎到水分大致蒸發後，立刻用圓形擠花嘴擠入矽膠模具中。不需要另外冷卻。輕輕敲打矽膠模具底部，使煎炒香蕉表面平整後，放入冷凍庫冷卻凝固。

<香蕉慕斯>（30個份）
自製香蕉泥
┌ 已剝皮的香蕉…209g
└ 萊姆果泥…21g
無鹽奶油（高梨乳業）…69g
炸彈麵糊
（參考P.85「巧克力奶油醬蛋糕」的<巧克力奶油醬>作法）…35g
吉利丁片…7.25g
戴安娜香蕉奶油利口酒（德國Verpoorten品牌）…70g
42%鮮奶油…350g
義大利蛋白霜…使用製作完成後的140g
┌ 蛋白…100g
│ 水…67g
└ 白砂糖…200g

1 香蕉切成適當的大小，放入調埋機中和萊姆果泥一起打成泥狀。為了防止變色，將果泥放入容器中，再蓋上保鮮膜密封並放入冰箱冷藏，直到使用前再拿出。
2 取出少量香蕉果泥放入容器中，加入吉利丁片後，加熱直到吉利丁溶化的溫度，並混合均勻。
3 將剩下的香蕉果泥，加入已經油化成軟膏狀的奶油和炸彈麵糊，並混合均勻。
4 將2加入3中混合均勻，再加入戴安娜香蕉奶油利口酒增加風味。
5 加入已經打發至7～8分發泡的鮮奶油混合。
6 與5同時進行，將蛋白打至發泡。水和白砂糖加熱至112℃製作糖漿，一邊加入蛋白的同時確實將材料打發泡，製作義大利蛋白霜。最後加入5徹底混合均勻。

<甘納許巧克力>（40個份）
牛奶…420g
42%鮮奶油…260g
蛋黃…224g
53%巧克力（Valrhona品牌「Extra noir」）…390g

1 鍋中加入牛奶及鮮奶油，並加熱至沸騰。
2 將1加入打散的蛋黃中混合，再倒回鍋中熬煮安格列斯醬。因為無糖的關係，加熱速度比較快，因此小心加熱至83～84℃。
3 將2加入巧克力中，並利用手持攪拌機徹底將材料乳化。

<組合與裝飾>
可可粉…適量
黑蘭姆酒（Negrita）…適量
裝飾用巧克力…每個蛋糕1片
迷迭香…適量

1 準備2片烘烤完成的巧克力餅皮。將其中一片的表面均勻撒上可可粉，再用手指輕劃過做出變化。將蛋糕翻面並切掉多餘的四邊，切割成4cm×17.5cm的條狀長方形。
2 另一片巧克力餅皮則用直徑4cm的壓模壓出形狀。
3 將1以可可粉的表面為外側捲起，放入直徑6cm×高4.5cm的圓形模具內側中。
4 於底部放入達可瓦茲餅皮。擠一層薄薄的香蕉慕斯後，接著放上煎炒香蕉，再擠香蕉慕斯直到模具的8分滿為止。
5 放上2的巧克力餅皮，並在每個餅皮上塗抹1g的蘭姆酒。擠入甘納許巧克力直到模具滿出來為止，最後用抹刀將表面抹平。
6 在表面擠出圓頂狀的香蕉慕斯後放入冷凍庫。
7 要放入展示櫃前先將蛋糕脫模，撒上可可粉，再放上裝飾用巧克力及迷迭香裝飾。

無花果蛋糕（Figue） 照片→P.15

<布列塔尼酥餅>（直徑7cm 50個份）
無鹽奶油（高梨乳業）…1000g
純糖粉…600g

鹽…10g
蛋黃…10個
黑蘭姆酒（Negrita）…100g
低筋麵粉（日清製粉「紫羅蘭」）…1000g
蛋液（只有蛋黃）…適量

1 奶油及糖粉放入攪拌缽盆中，用槳狀攪拌頭混合至呈現白色狀態為止。
2 加入鹽和蛋黃充分混合，再加入蘭姆酒增加風味。
3 加入已經事先過篩的低筋麵粉，混合至粉類與材料完全融合為止，取出集中成麵糰。
4 立刻用擀麵棍延展成1.5cm的厚度，再用塑膠袋包起來放入冰箱冷藏，直到麵糰變硬為止。
5 用直徑5cm的壓模壓出形狀，並且在表面塗上蛋液。
6 將材料分散鋪在烤盤上，放入130℃對流式烤箱中烘烤40分鐘。

<無花果的杏仁糕點>（15個份）
杏仁糕點※…500g
蘭姆酒漬葡萄乾※…100g
黑蘭姆酒（Negrita）…50g
杏桃果醬…100g
※杏仁糕點是製作杏仁餅皮或杏仁蛋糕時，活用製作杏仁類糕點時切邊所剩下的材料。
※蘭姆酒漬葡萄乾是將葡萄乾浸漬在蘭姆酒內，並長達一星期以上。

1 將各種杏仁類糕點用刮板切成小塊狀。
2 加入蘭姆酒漬葡萄乾及蘭姆酒稍微攪拌。
3 再加入杏桃果醬輕輕攪拌混合。

<杏仁膏>（100個份）
杏仁（購自池伝）（*譯註）…1000g
無鹽奶油…100g
開心果醬…50g
黑蘭姆酒（Negrita）…20g

＊譯註：池伝株式會社，本社位於日本東京都港區，專營洋菓子材料以及包裝資材的公司。

1 用擀麵棍敲打奶油，調整成和杏仁膏相同的軟硬度。
2 將杏仁膏、奶油及開心果醬加入攪拌缽盆內，用攪拌機混合均勻。再加入蘭姆酒增添風味。
3 將2的麵糰取出，利用糖粉（份量外）當作手粉，並用擀麵棍擀出2cm厚度，再切成10cm×5cm大小。

<法式咖啡奶油醬>（31個份）
無鹽奶油（高梨乳業）…300g
炸彈麵糊
（參考P.85「巧克力奶油醬蛋糕」的<巧克力奶油醬>作法）…100g
摩卡咖啡醬★…適量
義大利蛋白霜…使用製作完成後的100g
┌ 蛋白…100g
│ 水…67g
└ 白砂糖…200g

1 將油化成軟膏狀的奶油及炸彈麵糊用手攪拌均勻。
2 加入摩卡咖啡調整顏色。調整至有如照片中的色調即可。
3 將水和白砂糖加熱至122℃製作糖漿，一邊加入蛋白的同時確實將材料打發起泡，製作義大利蛋白霜。最後加入2用手徹底混合均勻。

★摩卡咖啡醬
即溶咖啡…適量
熱水…適量

1 將沸騰的熱水加入即溶咖啡，並溶化成濃稠的膏狀。

<組合與裝飾>
咖啡萃取液（法國Trablit品牌）…適量
杏仁碎粒…適量
可可粉…適量
金箔…適量

1　將無花果杏仁糕點取出50g，並捏塑成有如無花果實般的紡錘形狀。
2　將杏仁膏切片放置於作業台上，並將5cm的邊當作直邊，10cm的邊當作橫邊，再將**1**橫放於其中一邊，並利用杏仁膏將無花果糕點捲起。
3　在連接處及底部等杏仁糕點露出的部分，用手指將杏仁膏抹平連接，將杏仁糕點完全包覆，呈現出無花果的形狀。再用刷毛將下半部刷上咖啡萃取液，製作出紋路。
4　將法式咖啡奶油醬用圓形擠花嘴，擠在布列塔尼酥餅上方，再放上**1**。於**1**周圍的法式咖啡奶油醬上方，撒上杏仁碎粒，整體撒上可可粉，最後於頂點裝飾金箔。

巴斯克蛋糕（Gâteau Basque）　照片→P.15

◆直徑8cm×高1.8cm的蛋糕　10個份

<巴斯克餅皮>
無鹽奶油（高梨乳業）…250g
純糖粉…125g
蛋黃…4個
鹽…2.5g
杏仁糖粉
┌ 糖粉…62.5g
└ 杏仁粉…62.5g
中筋麵粉（日清製粉「純粹大地Terroir pur」）…250g
米粉（群馬製粉「Riz Farine」）…25g
粗砂糖…87.5g

1　於攪拌缽盆內加入奶油，將缽盆底部用火加熱使奶油軟化。加入糖粉，並且用槳狀攪拌頭，以中速混合至呈現出白色狀態。
2　加入蛋黃及鹽混合，並且避免打入過多的空氣。
3　加入杏仁糖粉稍微混合。
4　加入已經事先過篩並混合好的中筋麵粉和米粉，徹底混合直到粉類融入麵糰為止。
5　再加入粗砂糖混合，直到整體混合均勻後，從缽盆取出集中成一塊麵糰。用塑膠袋包住放入冰箱冷藏靜置一晚。

<櫻桃果醬>
白砂糖…250g
水…125g
櫻桃（法國Boiron品牌）…500g
檸檬果汁…適量

1　於鍋中加入砂糖和水，加熱至108℃製作糖漿。
2　加入櫻桃及檸檬果汁，用有孔洞的湯勺攪拌熬煮，並注意不要燒焦。
3　櫻桃煮熱之後，將鍋子從爐火移開，並用手持攪碎機將櫻桃果肉攪碎。
4　再次將材料加熱，並將浮在表面的泡沫小心撈起。利用大火加熱，並且從鍋底持續攪拌避免燒焦，熬煮到糖度為Brix68%為止。用大火在短時間內熬煮，可以呈現出漂亮的顏色。

<組合與裝飾>
蛋黃液（只有蛋黃）…適量

1　將已經靜置一晚的巴斯克餅皮，用**擀麵棍**敲打麵糰，有助於調整軟硬度使延展更容易。用壓麵滾輪將麵糰延展成厚4.5mm，再用直徑12cm和直徑9cm的圓形壓模壓出形狀。
2　在直徑8cm×高1.8cm的圓形模具內側，塗滿薄薄一層的無鹽奶油（份量外），再鋪上直徑12cm的餅皮。利用大拇指腹將餅皮與模具貼合，並使底部和側邊保持4.5mm的相同厚度，多餘的餅皮則往外推開。
3　加入櫻桃果醬至模具的7分滿，在往外翻的餅皮上塗抹蛋黃液。

為了保持相同口感，餅皮的每個部分都必須保持相同厚度，可用大拇指腹仔細將餅皮與模具貼合。

如果加入的櫻桃果醬太多，烘烤時會裂開滿出，因此填入7分滿即可。

在多餘往外翻的餅皮部分塗上蛋黃液（打散的蛋黃），可以使重疊的部分緊密連接。

4　蓋上直徑9cm的餅皮，並注意是否確實蓋上沒有空隙。用**擀麵棍**從上面將多餘的餅皮切除。表面均勻地塗上蛋黃液，再用直徑6cm的圓形模具於表面上輕壓出造型。
5　放入150℃的對流式烤箱烘烤30分鐘。

Masashi Nogi, Relation entre les gâteaux et le café

ルラシオン　アンル　レ　ガトー　エル　カフェ

野木 将司

彩色頁
- 店家資訊→P.18
- 跳躍→P.20
- 瑪莉蓮→P.22
- 焦糖脆餅→P.23
- 香橙巧克力蛋糕→P.24

跳躍（Sautille）　照片→P.20

◆60×40cm方形框模1個　60個份

<布朗尼蛋糕>

70%巧克力（Valrhona品牌「Guanaja」）…220g
無鹽奶油…500g
A ┌ 全蛋…350g
　│ 白砂糖…400g
　└ 鹽…4g
B ┌ 低筋麵粉…200g
　└ 泡打粉…4g
核桃（烤過的）…220g

1　將巧克力少量分次放入微波爐加熱，溶化至40〜45℃。
2　奶油回溫至常溫，並且使之油化成軟膏狀。
3　將A放入缽盆中，用攪拌器攪拌至呈現白色狀態為止。
4　將1的巧克力加入2的奶油中，用攪拌器混合至滑順狀態。
5　將4加入3中，並同時用攪拌器持續攪拌，混合均勻。
6　在5中加入已過篩的B，並注意不要結塊，混合直到粉末融合麵糊為止。
7　將烘焙墊鋪於烤盤上，放上方形框模，倒入6並用抹刀將表面抹平。
8　將核桃稍微烘烤，切成較大的顆粒狀，再灑於7的表面。

將核桃平均地灑滿表面，角落也不要漏掉。

整面鋪滿核桃後，可以提升整體口感。

9　放入200℃的烤箱烘烤10分鐘後，再取出冷卻。

<蜂蜜甘納許巧克力>

牛奶…100g
35%鮮奶油…300g
蜂蜜…200g
鹽…4g
70%巧克力（Valrhona品牌「Guanaja」）…350g
40%牛奶巧克力（Valrhona品牌「Jivara」）…350g
無鹽奶油）…200g

1　鍋中加入牛奶、鮮奶油、蜂蜜及鹽並加熱煮開。
2　在缽盆中加入2種巧克力，再倒入1，一邊用刮刀攪拌使巧克力溶化。
3　將奶油溶化後，加入2混合均勻。

<牛粒小西餅>

蛋白霜
┌ 蛋白…190g
└ 白砂糖…115g

蛋黃…105g
轉化糖…12g
A ┌ 低筋麵粉…65g
　└ 玉米粉…65g

1　將蛋白霜的材料用攪拌機確實打至發泡。
2　缽盆中加入蛋黃及轉化糖，混和均勻後放入1攪拌。
3　將事先過篩混合的A加入2中，用刮刀簡單攪拌。
4　將3倒在烤盤上，放入200℃的烤箱烘烤7分鐘後，再取出冷卻。

<咖啡酒糖液>

咖啡萃取液※…182.5g
波美度（Baume）為30度的糖漿…182.5g
即溶咖啡…4.85g
※咖啡萃取液
將「丸山咖啡」品牌的巴西產特調咖啡豆（中深度烘焙、中研磨），以壓壺濾出的咖啡。

1　將所有材料混合均勻。

<咖啡奶油醬>（60cm×40cm的方形框模2個120個份）

A ┌ 35%鮮奶…1840g
　└ 「丸山咖啡」巴西產特調咖啡豆（中深度烘焙、粗研磨）…370g
白砂糖…370g
吉利丁粉…42g
水…210g
40%牛奶巧克力（Valrhona品牌「Jivara」）…550g
35%鮮奶…2030g

1　鍋中加入A的鮮奶油，加熱至沸騰。
2　將1的火關掉，放入咖啡粉並且用攪拌器輕輕攪拌，在蓋上鍋蓋靜置4分鐘。
3　將2過濾，並且同時用刮刀將附著在咖啡粉上的鮮奶油壓擠出。
4　確認3的重量是否達到1840g，如果不足可以再將鮮奶油（份量外）加熱後加入。
5　吉利丁浸泡在份量中的水內，並於缽盆中放入白砂糖、吉利丁（連同水）及巧克力。
6　將5加入4中，並同時用攪拌器混合，使巧克力溶化。
7　巧克力溶化後，將6的缽盆隔冰水冷卻，並且攪拌至呈現黏稠狀為止。
8　鮮奶油打發至7分發泡，將7加入並持續用攪拌器混合均勻。

<組合與裝飾>

巧克力噴霧★（黃・綠）、果膠、核桃（烘烤過）、裝飾用巧克力、咖啡巧克力

1　在烤盤鋪十烘焙墊並放上方形框模，接著放上布朗尼蛋糕，再鋪上蜂蜜甘納許巧克力後，放入冰箱冷卻約10分鐘。
2　甘納許巧克力呈現半凝固的狀態時，從冰箱取出，放上牛粒小西餅，再淋上咖啡酒糖液，使餅皮充分吸收。

將咖啡酒糖液放入擠壓罐內，讓牛粒小西餅的餅皮充分吸收。首先沿著邊緣淋上。

接著再將整體淋上大量的酒糖液。跟毛刷比起來，此方法可以快速讓餅皮吸收，節省作業時間。

3 在**2**上方倒入咖啡奶油醬，每**1**個方框模具內倒入2200g。再用抹刀將表面抹平，最後放入冰箱冷藏。

4 剩下的咖啡奶油醬用冰水冷卻，直到容易擠花的硬度。

5 將**4**放入擠花袋中，尖端剪出切口，在**3**的表面擠上不規則線條。完成後放入冷凍庫冷卻凝固。

6 將蛋糕脫模，於表面噴上巧克力噴霧，再切成60等分。於表面擠上果膠，再放上核桃、裝飾巧克力及咖啡巧克力裝飾。

★巧克力噴霧
將白巧克力及可可粉以3比1的比例溶化，再加入適量的巧克力專用色素（黃色與綠色）。

瑪莉蓮（Marilyn） 照片→P.22

<巧克力杏仁蛋糕>（60cm×40cm的方形框模1片份）
全蛋…167g
杏仁粉…125g
糖粉…60g
轉化糖…5g
蛋白霜
┌蛋白…115g
└白砂糖…93g
A┌低筋麵粉…40g
└可可粉…30g
已溶化奶油…27g

1 在攪拌缽盆中加入全蛋、杏仁粉、糖粉及轉化糖，攪拌使其發泡。
2 於另一個攪拌盆中放入蛋白及白砂糖打發起泡，製作徹底發泡的蛋白霜。
3 將一部分的**2**加入**1**中，再加入已經過篩混合好的A，並攪拌均勻。
4 將剩餘的蛋白霜加入**3**並稍微攪拌，接著再少量分次加入溶化的奶油。
5 將方形框模放在烤盤上，並倒入**4**，放入220℃的烤箱烘烤5～6分鐘後，再取出冷卻。

<加勒比巧克力奶油醬>（約100個份）
牛奶…315g
35%鮮奶油…480g
蛋黃…280g
白砂糖…105g
66%巧克力（Valrhona品牌「Caraibe」）…420g

1 缽盆中加入蛋黃及白砂糖，攪拌均勻。
2 將牛奶及鮮奶油加入**1**中混合，再倒入鍋中用小火加熱並同時攪拌，熬煮出安格列斯醬。
3 缽盆中放入巧克力，再倒入**2**並且用攪拌機徹底乳化。
4 將**3**放入冰箱冷藏靜置一晚。

<安格列斯香草醬>（約100個份）
35%鮮奶油…1450g
香草莢…2g
蛋黃…437.5g
白砂糖…127.5g
吉利丁粉…13g
水…65g

1 鍋中加入鮮奶油，將香草莢割開一起加入，加熱直到沸騰前關火。
2 在缽盆中加入蛋黃及白砂糖，攪拌均勻，再加入**1**混合。
3 將**2**用小火加熱並一邊攪拌，熬煮安格列斯醬。
4 將**3**關火停止加熱，加入已事先泡水（份量中）的吉利丁粉溶解，再隔水冷卻並同時用攪拌機混合均勻。

<孟加里沙巴庸>（約100個份）
炸彈麵糊
┌蛋黃…330g
│全蛋…145g
└波美度（Baume）30度的糖漿…415g

64%巧克力（Valrhona品牌「Manjari」）…770g
35%鮮奶油…1080g

1 在缽盆中加入蛋黃及全蛋，用攪拌機攪拌至白色發泡狀態。
2 在**1**中分次加入熱糖漿混合，打發起泡直到呈現蓬鬆狀態，製作炸彈麵糊。
3 巧克力放入微波爐溶化。
4 鮮奶油打發至7分發泡。
5 在**3**中加入**2**，並且用攪拌器徹底混合，接著再加入**4**混合。

<巧克力淋面・白色>（準備量）
白砂糖…240g
水…100g
35%鮮奶油…160g
可可粉…85g
水麥芽…80g
吉利丁粉…9g
水（吉利丁粉用）…54g

1 鍋中加入白砂糖和份量中的水100g，加熱熬煮至110℃，再加入鮮奶油。
2 材料**1**加熱至沸騰後，放入可可粉，再次加熱至沸騰。
3 將水麥芽加入**2**中，加熱至沸騰後關火。吉利丁粉加入份量中54g的水浸泡後，加入鍋中溶解。

<巧克力淋面・棕色>（準備量）
35%鮮奶油…62.5g
透明果膠…125g
水麥芽…100g
白巧克力…125g
白色色素（二氧化鈦）…必要量

1 鍋中加入鮮奶油並加熱至沸騰。
2 在另一個鍋中放入透明果膠及水麥芽，加熱至沸騰。
3 於攪拌缽盆中放入白巧克力，接著倒入**1**及**2**後，用攪拌機混合使其乳化。
4 將色素加入**3**中，再次用攪拌機混合均勻。

<組合與裝飾>
裝飾用巧克力

1 將巧克力杏仁蛋糕用直徑4cm的圓型壓模壓出形狀，再放入直徑6cm×高4cm的圓形模型中當作基底。
2 接著將切割成18.5cm×2.5cm的巧克力杏仁蛋糕，沿著模型內側貼齊。
3 加勒比巧克力奶油醬放入擠花袋中，用11號的圓形擠花嘴，在**2**的中心擠出15g漩渦狀，完成後放入冰箱冷凍使其凝固。
4 於**3**的表面倒入20g安格列斯香草醬，再將孟加里沙巴庸裝入擠花袋中（不用擠花嘴）擠滿整個模型。接著放入冰箱冷凍凝固。
5 將蛋糕脫模，並且排列於金屬網上，再將整體淋上棕色鏡面巧克力。
6 接著再於表面淋上一條白色鏡面巧克力，並且用抹刀抹平，使之浮現出紋路，最後放上裝飾巧克力。

焦糖脆餅（Florentins） 照片→P.23

<奶油酥餅>（準備量）
無鹽奶油…450g
高筋麵粉…750g
楓糖粉…285g
杏仁粉…90g
香草粉※…0.75g
鹽…3g
全蛋…180g
※香草粉
將使用過的香草莢弄乾，再用研磨機磨成粉末狀

1 奶油切成1.5cm大小的塊狀並放置於冰箱冷藏，使用前再拿出。高筋麵粉及全蛋也事先放入冰箱冷藏。

2 在攪拌缽盆中加入**1**的奶油、高筋麵粉、楓糖粉、杏仁粉、香草粉及鹽，用攪拌機低速攪拌均勻。

3 當高筋麵粉呈現出黃色，奶油顆粒也溶化時，慢慢加入打散的全蛋，並持續用低速攪拌。

4 混合均勻後，將麵糰從攪拌缽盆中取出，壓成四方形的扁平狀，並用塑膠袋包起來放入冰箱冷藏一晚。

5 將**4**的麵糰放入壓延機，延展成3mm的厚度，再切割成烤盤的尺寸（60cm×40cm）。烤盤鋪上烘焙紙，放上麵糰並截出通氣孔洞。

6 放入160℃烤箱中烘烤15～18分鐘，再取出冷卻。

<阿帕雷蛋奶液>（60cm×40cm的烤盤12片份）

A ┌ 白砂糖…1230g
　├ 蜂蜜…1230g
　├ 35%鮮奶油…2460g
　└ 無鹽奶油…490g
杏仁薄片…2460g
柳橙果皮…60g
水果蜜餞（柳橙、葡萄乾、櫻桃、檸檬、鳳梨）…2460g

1 於鍋中加入A，加熱至105℃後關火。

2 將杏仁片鋪在烤盤上，放入烤箱中稍微加熱。

3 將**2**加入**1**中，並放入削好的柳橙皮以及水果蜜餞。

4 於烤盤鋪上烘焙墊及烘焙紙，將**3**倒入860g於烤盤上，再用抹刀將表面延展開來。

5 在**4**的上方鋪上烘焙紙，放入冰箱冷凍使其凝固。

<組合與裝飾>

1 將冷凍的阿帕雷蛋奶液放在奶油酥餅上方。

2 放入160℃烤箱烘烤15分鐘。

3 待餘熱散去後，將**1**整片切割成64等分後完成。

香橙巧克力蛋糕
（Cake Chocolate Orange） 照片→P.24
◆12cm×6.5cm×高6.5cm的磅蛋糕模型10個份

<巧克力蛋糕>

A ┌ 全蛋…645g
　├ 白砂糖…900g
　└ 鹽…1.5g
35%鮮奶油…390g
無鹽奶油…255g
56%巧克力（Valrhona品牌「Caraque」）…255g
B ┌ 低筋麵粉…465g
　├ 泡打粉…12.75g
　└ 可可粉…165g
香橙蜜餞★…300g
無鹽奶油（裝飾用）…適量

1 攪拌缽盆內加入材料A，以中低速攪拌至呈現白色狀態。

2 將鮮奶油少量分次加入**1**，並且繼續攪拌。

3 將油化成軟膏狀的奶油放入缽盆中，再加入已融化的巧克力，並用攪拌器混合均勻。

4 將**2**移至其他缽盆中，再加入事先過篩混合好的B，並且用攪拌器混合至粉狀完全融合為止。

5 用攪拌器混合的同時，將**3**加入**4**中，並盡速攪拌混合。

6 香橙蜜餞切成1cm大小的塊狀，加入**5**用攪拌器混合後，再用刮刀使整體均勻散佈。

7 將**6**放入沒有擠花嘴的擠花袋中，於磅蛋糕模型中鋪上烘焙紙，再擠入220g的麵糊。

8 用手指將烘焙紙的四個角落往下壓，讓麵糊能夠確實貼合模型。

9 將軟化的奶油放入擠花袋中，於**8**的中央擠出一條線。

10 放入160℃的烤箱中烘烤40分鐘。

★香橙蜜餞
柳橙確實洗乾淨後，切成4等分，再用熱水燙過3次。以水對砂糖2：1的比例，製作糖漿。加入柳橙後，熬煮直到果皮軟化為止。

<蛋糕塗抹的糖漿（imbibage）>
波美度（Baume）30度的糖漿…264g
水…56g

1 將材料加入鍋中加熱。

<巧克力淋面>
外層專用巧克力…250g
56%巧克力（Valrhona品牌「Caraque」）…100g
植物油…20g
烤杏仁（碎粒）…適量

1 將所有材料放入微波爐中加熱溶化。

<組合與裝飾>
香橙蜜餞

1 將烘烤完成的蛋糕脫模，並且連著烘焙紙一起排列於金屬網上。

2 將**1**側面的烘焙紙剝開，趁熱用毛刷塗上大量糖漿。

3 兩側面都塗上糖漿後，將烘焙紙貼回原樣，再於表面塗上糖漿後靜置冷卻。

4 將烘焙紙完全剝下，蛋糕放置於金屬網上，於整體淋上巧克力淋面，再放上香橙蜜餞裝飾。

Takashi Tanaka, Passion de Rose
パッション ドゥ ローズ
田中 貴士

彩色頁
• 店家資訊 → P.26
• 雅馬邑薩瓦蘭 → P.28
• 栗子蛋糕 → P.30
• 莫加爾多千層派 → P.31
• 15種水果蛋糕 → P.32

雅馬邑薩瓦蘭
（Savarin Armagnac） 照片→P.28
◆7cm×高2.5cm的薩瓦蘭蛋糕模型35個份

<巴巴蛋糕>
發酵無鹽奶油…140g
A ┌ 高筋麵粉（日清製粉「山茶花」）…400g
  │ 鹽…4g
  │ 蜂蜜…17g
  └ 半乾酵母…18g
全蛋…500g

1 將剛從冰箱取出的奶油及A放入攪拌缽盆中。
2 將2/3的蛋液加入 **1**，攪拌機設為鉤狀拌頭以2的速度攪拌均勻。
3 等到麵粉不會飛散時，將速度調高為 **3** 稍微攪拌。
4 麵糰呈現出能和缽盆剝離的狀態時，將剩下的蛋液分成2次加入，並且繼續攪拌約20分鐘，製作出具有彈性的麵糰。
5 將 **4** 放入擠花袋中，並且使用15號圓形擠花嘴，在薩瓦蘭蛋糕模型中擠上30g。再用手指沾水，將麵糰從擠花嘴切斷。
6 為了促進發酵，於麵糰表面沾上適量的水，接著放入溫度34℃、濕度70%的發酵爐中發酵1小時。
7 放入170℃的烤箱中烤7分鐘，再將烤盤取出前後交換後，烘烤7分鐘。

將巴巴蛋糕擠在模型內後，用手指沾取少許水塗抹於表面，再放入發酵爐中。

<巴巴蛋糕糖漿>
白砂糖…1350g
水…3000g
柳橙果皮…90g
檸檬果皮…70g
香草莢（使用過的）…9g

1 鍋中加入所有材料，加熱至沸騰。
2 關火，靜置3小時後過濾。

<杏桃果膠>（70個份）
杏桃果泥…1000g
白砂糖…500g
NH果膠粉（Pectin）…15g

1 所有材料加入鍋中並加熱至沸騰。

<香堤鮮奶油>
42%鮮奶油…1000g
糖粉…80g

1 糖粉加入鮮奶油中，打發至8分起泡。

<組合與裝飾>
雅馬邑白蘭地…每個7g

1 將巴巴蛋糕糖漿加熱至50℃，關火後將巴巴蛋糕上色面朝上放入。浸漬14～15分鐘後翻面，再繼續浸漬5分鐘。

2 將巴巴蛋糕從 **1** 取出，用手稍微擰乾，置於網上並靜置冰箱1晚。
3 將 **2** 淋上7g的雅馬邑白蘭地。
4 杏桃果膠加熱至沸騰，並趁熱用刷毛塗抹於 **3** 的表面。
5 將香堤鮮奶油放入擠花袋，用15號星型擠花嘴擠出30g在 **4** 的中央。

栗子蛋糕（Châtaigne） 照片→P.30
◆30個份

<達可瓦茲餅皮>
蛋白霜
┌ 蛋白…240g
└ 白砂糖…54g
A ┌ 杏仁粉…180g
  │ 糖粉…108g
  └ 低筋麵粉…60g

1 攪拌缽盆中放入蛋白及白砂糖攪拌至發泡，製作發泡充分的蛋白霜。
2 將A過篩混合後加入 **1** 中，用刮刀輕輕攪拌混合。
3 將 **2** 放入擠花袋內，在鋪有烘焙紙的烤盤上擠出直徑6cm的圓形。
4 放入170℃的烤箱烘烤20分鐘後，再取出冷卻。

<糖霜>
蛋白霜
┌ 蛋白…100g
└ 白砂糖…100g
糖粉…100g

1 攪拌缽盆中放入蛋白及白砂糖攪拌至發泡，製作發泡充分的蛋白霜。
2 糖粉加入 **1** 中，用刮刀輕輕攪拌混合。
3 將 **2** 放入15號擠花嘴的擠花袋，在烤盤擠出直徑6cm的圓頂形狀。
4 放入90℃烤箱烘烤3小時。

<香堤鮮奶油>
42%鮮奶油…600g
糖粉…42g

1 糖粉加入鮮奶油中，打發至8分起泡。

<栗子奶油醬>
栗子泥…1000g
栗子奶油（Sabaton品牌「AOC Châtaigne」）…500g
栗子醬…500g
蘇格蘭起瓦士威士忌…35g

1 將材料用攪拌機混合後過濾。

<組合與裝飾>
糖粉、帶皮糖煮栗子

1 將香堤鮮奶油放入擠花袋內，用14號圓型擠花嘴擠出少許於蛋糕碟中間。再放上達可瓦茲餅皮使其貼合，再擠上5g的香堤鮮奶油。
2 在 **1** 的表面放上蛋白霜，再擠上15g的香堤鮮奶油。
3 栗子奶油醬放入擠花袋中，用蒙布朗的擠花嘴從蛋糕底部往上擠出70g的量。
4 在 **3** 的表面灑上大量的糖粉，最後於頂端放上帶皮糖煮栗子。

莫加多爾千層派
（Mogador Millefeuille） 照片→P.31
◆70個份

<法式千層派皮>
奶油麵糊（Beurre Manie）
┌ 發酵無鹽奶油…565g
└ 高筋麵粉…225g
派皮麵糰（Detrempe）
┌ 無鹽奶油…170g
│ 鹽…20g
│ 水…213g
└ 高筋麵粉…525g

1 製作奶油麵糊。在攪拌缽盆中加入剛從冰箱取出的奶油，將攪拌機設置為鉤狀拌頭，並用速度1攪拌至呈現出柔軟狀態。
2 將高筋麵粉加入1。用速度1繼續攪拌至麵粉融合為止。
3 將2的麵糊倒在鋪有烘焙紙的烤盤上，延展成烤盤1/3大小的形狀。
4 製作派皮麵糰。將奶油和鹽混合後，冷卻至40℃以下再加水混合。
5 在攪拌缽盆中加入高筋麵粉，少量分次加入4並且持續攪拌均勻。
6 混合成麵糰後將攪拌機停止，從缽盆取出放置於作業台上，用手壓出比奶油麵糊小一圈的大小。
7 在奶油麵糊表面蓋上烘焙紙，再放上6。接著再放上烘焙紙，並放入塑膠袋內避免乾燥，完成後放入冰箱靜置一晚。
8 將7的兩種麵糰分別放入壓麵機內。奶油麵糊延展成40cm的正方形，而派皮麵糰則延展成35cm的正方形。
9 將派皮麵糰放在奶油麵糊上方並將四個角包起，再壓成30cm×130cm，折成4折（30cm正方形）後，裝入塑膠袋放入冰箱靜置一晚。
10 隔天將9轉90度，用同樣方式將麵糰折成4折，放入冰箱冷藏一晚。
11 再隔一天，將10轉90度，並且用同樣方式將麵糰折成4折，放入冰箱冷藏一晚。
12 將11的麵糰用壓麵機延展成2mm的厚度，切割成烤盤的40cm×60cm大小（約可製作2片半烤盤份量）。置冰箱冷藏靜置一晚。
13 將12放入170℃的烤箱內，烘烤1小時30分鐘。

<無麵粉純巧克力蛋糕>
（方形框模1個份／製作70個份需要2個份的框模）
A ┌ 杏仁餅皮…250g
│ 蛋黃…200g
│ 全蛋…125g
└ 白砂糖…150g
蛋白霜
┌ 蛋白…188g
└ 白砂糖…33g
可可粉…125g
已溶化的發酵無鹽奶油…125g

1 在攪拌缽盆中加入A，並攪拌至發泡。
2 另一個攪拌缽盆中放入蛋白及白砂糖，充分攪拌至發泡製作蛋白霜。
3 將2的1/4量加入1中，接著加入可可粉，再用刮刀輕輕攪拌。
4 溶化的奶油加入3，並加入剩下的蛋白霜輕輕攪拌。
5 將4倒入57cm×7cm×高4cm的框模內，以170℃烘烤15分鐘。

<巧克力奶油醬>
（方形框模1個份／製作70個份需要2個份的框模）
安格列斯醬
┌ 35%鮮奶油…213g
│ 牛奶…212g
│ 蛋黃…85g
└ 白砂糖…43g
70%巧克力…555g
35%鮮奶油…775g

1 鍋中加入鮮奶油及牛乳，加熱直到沸騰前關火。
2 蛋黃及白砂糖混合均勻，加入1並倒回鍋中，攪拌的同時用小火加熱熬煮安格列斯醬。
3 缽盆中加入巧克力，再倒入2並且同時攪拌使其溶化。
4 鮮奶油打發至6分起泡，加入3混合均勻。

<帶籽覆盆子果醬>
冷凍覆盆子…1kg
白砂糖…280g
果膠…10g

1 將材料加入鍋中，加熱並持續攪拌至沸騰。

<組合與裝飾>
可可粉

1 在鋪有無麵粉純巧克力蛋糕的框模上，倒入巧克力奶油醬，再放入冰箱冷凍使其凝固。並用相同方式再製作一片。
2 在1的表面倒入帶籽覆盆子果醬，接著再放上另一片1的材料。將蛋糕脫模，切成8cm×3.5cm的大小。
3 法式千層派皮也切成8cm×3.5cm的大小，並用2片派皮將蛋糕上下夾起。
4 表面放上當店招牌的模具，再撒上可可粉裝飾。

15種水果蛋糕
（Cake Quinze Fruits） 照片→P.32
◆35cm×7cm×高6cm的蛋糕模型1個・可切成22片份

<阿帕雷蛋奶液>
無鹽奶油…150g
細砂糖…125g
全蛋…156g
A ┌ 低筋麵粉（日清製粉「紫羅蘭」）…200g
│ 高筋麵粉（日清製粉「山茶花」）…50g
└ 泡打粉…5g
蘭姆酒漬水果★…375g
B ┌ 糖漬櫻桃…63g
│ 葡萄乾…25g
│ 半乾洋李…25g
│ 半乾無花果…13g
└ 半乾杏桃…25g

1 將軟化的奶油及細砂糖加入攪拌盆中，用低速攪拌且不要打發起泡。
2 蛋液打散並加熱至體溫程度。
3 將2一半的蛋液加入1中混合，乳化至出現光澤時，將剩下的蛋液分2次加入混合。
4 徹底乳化後停止攪拌，加入事先過篩的A，再用低速攪拌約5分鐘。
5 將蘭姆酒漬水果放入微波爐，加熱至體溫程度。
6 材料4呈現出黏稠有彈性的狀態時，加入5和B，用攪拌機稍微混合。將攪拌機停止，最後用刮刀混合均勻，並小心不要壓碎水果。
7 將6放入鋪上烤盤紙的蛋糕模型，放入170℃的烤箱烘烤。大約烘烤30分鐘時，用刀子在蛋糕中央畫一條線，總計1個小時烘烤完成。

★蘭姆酒漬水果（2個蛋糕份）
綠葡萄乾…250g
鳳梨乾…32g
木瓜乾…32g
小紅莓乾…14g
黑加侖乾…14g
柳橙蜜餞…14g
檸檬蜜餞…8g
芒果乾…32g
奇異果乾…32g
蘋果乾…90g
黑蘭姆酒（Negrita）…250g

1 將水果切成一口大小，與黑蘭姆酒一起加入容器內，置常溫下2天。
2 將1移至冰箱冷藏浸漬1～2週。

<蘭姆酒糖漿>
白砂糖…68g
水…100g
黑蘭姆酒（Negrita）…25g

1 在鍋中加入白砂糖及水，加熱至沸騰後關火，再加入黑蘭姆酒混合。

<裝飾>
1 將烘烤完成的蛋糕立刻脫模，並小心地將側面的烘焙紙剝開。
2 在蛋糕表面上，用刷毛塗上大量的蘭姆酒糖漿。另一面也同樣塗上糖漿，最後於表面塗上糖漿。
3 將烘焙紙重新包覆蛋糕，放入冰箱靜置一晚後，切成1.5cm的厚度。

Taichi Murayama, Pâtisserie chocolaterie Chant d'Oiseau
パティスリー　ショコラとリー　シャンドワゾー

村山 太一

彩色頁
• 店家資訊 → P.34
• 焦糖核桃聖托諾雷泡芙塔 → P.36
• 葡萄柚開心果甜點杯 → P.38
• 薰草豆巧克力慕斯蛋糕 → P.39
• 杏仁大理石蛋糕 → P.40

焦糖核桃聖托諾雷泡芙塔
（Saint Honoré） 照片→P.36

<千層派皮>（直徑8cm的圓型約400片份）
A 「 低筋麵粉 … 1260g
　　 高筋麵粉 … 1260g
　　 鹽 … 54g
　　 白砂糖 … 55g
無鹽奶油（四葉乳業）… 650g
B 「 水 … 1080g
　　 葡萄酒醋 … 20g
無鹽奶油（折派皮用／四葉乳業）… 1800g

1 將A過篩混合。
2 無鹽奶油溶化後加入 **1**，並用攪拌機混合均勻。
3 於 **2** 的中央少量分次加入混合好的B，混合攪拌至麵糰狀。用保鮮膜包覆起來放入冰箱冷藏1小時。
4 把 **3** 放在撒上手粉（高筋麵粉／份量外）的作業台上，用擀麵棍擀成1cm厚度的長方形。
5 將折派皮用的冰冷奶油，壓成1.5cm厚的正方形，再放置於 **4** 的中央。將 **4** 的兩邊往中央折疊，把奶油包起來，麵糰與麵糰的接縫處要緊緊相連，再用擀麵棍擀成約3cm的厚度。
6 利用派皮機（pie roller）將 **5** 壓成1cm厚度。重複「折成3折→壓平」2次後，放入冰箱冷藏1小時。壓平派皮時的厚度，調整至派皮能夠負荷的程度即可。
7 從冰箱冷藏取出 **6**，重複「折成3折→壓平→折成3折→壓平→放入冰箱冷藏」2次。用派皮機壓成3mm的厚度，再放入冰箱冷藏充分冷卻。（折派皮的次數＝一共6次）

<泡芙脆皮>（直徑約2.5cm的小泡芙950個份）
A 「 水 … 1600g
　　 牛奶（高梨乳業）… 1600g
　　 無鹽奶油（四葉乳業）… 1460g
　　 鹽 … 40g
　　 白砂糖 … 72g
低筋麵粉 … 1840g
全蛋 … 2700g

1 鍋中加入A並開火加熱，一邊攪拌直到奶油完全溶化。
2 將過篩後的低筋麵粉一次加入 **1** 中，攪拌的同時繼續加熱。鍋底出現薄膜狀時即可將火關掉。用刮刀攪拌使麵糊降溫。
3 將打散的蛋液少量分次加入 **2** 中攪拌。將麵糊裝入擠花袋（使用直徑9mm的圓型擠花嘴）內。
4 在烤盤上擠出直徑2cm的圓頂型狀，製作小泡芙用的脆皮。接著放入170℃的烤箱烘烤40分鐘。烘烤完成後放置在金屬網上使餘熱散去。 ※塔皮用的擠出及烘烤方式，可參考P.95的<塔台烘烤>。

<糖衣>（直徑約2.5cm的小泡芙約25個份）
水麥芽 … 100g
白砂糖 … 100g
水 … 50g

1 將所有材料加入鍋中，用中火加熱。上色並且開始冒煙時將火關掉。
2 鍋中的 **1** 開始變成焦糖色時，加入1大匙的水（份量外）停止繼續變色。用冰冷的抹布包在鍋子外側降溫，並且調整黏度。

<焦糖核桃>（150個份）
A 「 水麥芽 … 407g
　　 鹽 … 18g
　　 白砂糖 … 611g
38%鮮奶油（高梨乳業）… 693g
無鹽奶油（四葉乳業）… 347g
核桃 … 1190g

1 鍋中加入A並開火加熱，一邊攪拌並加熱至出現焦糖色為止。表面開始冒出熱氣泡及熱煙時即可關火。
2 鮮奶油加熱至體溫程度後，加入 **1** 混合。再次開火加熱熬煮至106℃。再加入奶油混合，直到完全溶化。
3 在鉢盆中加入烘烤過的核桃，趁熱將 **2** 全部倒入並將整體混合。最後鋪在烤盤上使其冷卻。

<焦糖香堤鮮奶油>（1個份）
焦糖醬★ … 10g
香堤鮮奶油★ … 35g

1 在鉢盆中放入焦糖醬，再加香堤鮮奶油混合均勻。

★焦糖醬（準備量）
A 「 白砂糖 … 1125g
　　 38%鮮奶油（高梨乳業）… 1350g
無鹽奶油（四葉乳業）… 225g
鹽 … 45g

1 鍋中加入A並開火加熱，一邊攪拌並加熱熬煮至106℃後關火。
2 在 **1** 中加入奶油及鹽，並混合均勻。待餘熱散去後，放入冰箱冷藏保存。

★香堤鮮奶油（準備量）
38%鮮奶油（高梨乳業）… 1000g
45%鮮奶油（高梨乳業）… 1000g
白砂糖 … 200g
Mon Réunion香草 … 4滴

1 將所有材料放入攪拌鉢盆中，用中速攪拌至8分發泡。

<焦糖奶油醬>（直徑約2.5cm的小泡芙約21個份）
焦糖醬（參考上述作法）… 30g
Diplomat奶油餡★ … 130g

1 在鉢盆中加入焦糖醬，再加入Diplomat奶油餡混合均勻。

★Diplomat奶油餡（準備量）
香堤鮮奶油（參考上述作法）… 100g
卡士達奶油醬☆ … 400g

1 將所有材料混合拌勻。

☆卡士達奶油醬（準備量）
A ┌ 牛奶（高梨乳業）…1000g
  └ 香草莢（剝開）…1條
B ┌ 加糖蛋黃（加糖25%）…387g
  └ 白砂糖…140g
低筋麵粉…85g
無鹽奶油（四葉乳業）…100g

1 鍋中加入材料A，加熱直到沸騰前關火。
2 在缽盆中加入B，用打蛋器拌勻。再加入過篩後的低筋麵粉混合。
3 將2用打蛋器攪拌的同時，少量分次加入1，將整體混合均勻。
4 將3過濾並倒入鍋中加熱。一邊用刮刀攪拌，加熱至83℃，材料呈現出黏稠狀後即可關火。
5 在4中加入奶油，使其完全溶化。再移到托盤上等餘熱散去。最後於表面封上保鮮膜，放入冰箱冷藏。

<塔台烘烤>
1 將千層派皮的麵糰，用直徑8cm的圓型壓模壓出形狀，並截出空氣孔洞。接著將泡芙脆皮的麵糊裝入擠花袋（直徑8mm的圓型擠花嘴），於周圍擠出一圈，在中間千層派皮的表面也擠出薄薄一層。
2 放入170℃的烤箱烘烤45分鐘。再放置於金屬網上使餘熱散去。

<組合與裝飾>
核桃…適量
開心果…適量
榛果（已焦糖化）…適量
杏仁（已焦糖化）…適量

1 從小泡芙的底部擠入焦糖奶油醬。小泡芙上半部裹上糖衣，放置常溫乾燥。
2 將烘烤完成的塔台放上20g的焦糖核桃。在上方擠上少許焦糖香堤鮮奶油。
3 在2的周圍放上1的3個小泡芙。並於小泡芙之間與上方擠出焦糖香堤鮮奶油。最後放上表面烘烤過的核桃、開心果、焦糖榛果及杏仁。

葡萄柚開心果甜點杯
（Verrine Pistache Pamplemousse） 照片→P.38
◆底部直徑5.5cm×高8.5cm的玻璃杯約35個份

<開心果慕斯>
A ┌ 38%鮮奶油（高梨乳業）…103g
  └ 牛奶…370g
B ┌ 加糖蛋黃（加糖25%）…83g
  └ 白砂糖…228g
吉利丁片…13g
開心果泥（Babbi品牌）…98g
38%鮮奶油（打發用／高梨乳業）…726g

1 在鍋中加入A並加熱至50～60℃。
2 將B放入缽盆中，少量分次加入1並混合均勻。
3 將2倒回鍋中並開火加熱，一邊攪拌加熱至83℃。
4 將3關火之後，用濕涼的濕抹布包覆在鍋子外圍約1分鐘。用餘溫繼續加熱，同時繼續攪拌直到出現濃稠感為止。（大約在85℃）
5 吉利丁片用冷水泡開後加入4中混合，使其完全溶解。
6 在缽盆中加入開心果泥，並且將5過濾加入缽盆中混合。接著再用手持攪拌機攪拌，將開心果泥的結塊徹底拌勻。
7 將6隔冰水冷卻，一邊攪拌降溫，使材料呈現出濃稠狀。
8 鮮奶油打發至8分發泡後加入7，用刮刀從底部往上稍微攪拌混合。最後放入擠花袋中。

煮好安格列斯醬後，將鍋子底部墊在冷抹布上，利用餘熱慢慢使溫度上升。

和鮮奶油混合前，先將材料隔冰水降溫，使溫度接近8分發泡的鮮奶油。

<葡萄柚果凍>（30～35個份）
A ┌ 100%葡萄柚果汁…1200g
  │ 柑曼怡利口酒（Grand Marnier）…75g
  └ 白砂糖…412g
吉利丁片…21g

1 鍋中加入A並加熱，等砂糖完全溶化時即可關火。
2 吉利丁片用冰水泡開後加入1中混合，使其完全溶解。將材料隔冰水冷卻，待餘熱散去後放入冰箱冷藏凝固。

<開心果奶油醬>（15個份）
開心果泥（Babbi品牌）…40g
香堤鮮奶油…400g

1 缽盆中加入開心果泥，接著加入香堤鮮奶油並用刮刀輕輕攪拌後，放入擠花袋內。

★香堤鮮奶油（準備量）
38%鮮奶油（高梨乳業）…1000g
45%鮮奶油（高梨乳業）…1000g
白砂糖…200g
Mon Réunion香草…4滴

1 將所有材料加入攪拌缽盆中，用中速攪拌至8分起泡。
2 將1從攪拌機上取下。再用打蛋器攪拌，將鮮奶油調整至容易擠花的軟硬度。

<組合與裝飾>（1個份）
葡萄柚（粉色）…3瓣
葡萄柚（白色）…3瓣
糖粉…適量

1 在底部直徑5.5cm×高8.5cm的玻璃杯底部，擠入45g開心果慕斯，放入冷凍庫使其凝固。
2 在已凝固的1上方，用湯匙擺上50～60g的葡萄柚果凍。再放入葡萄柚果肉（粉色及白色）各3瓣，將薄膜剝掉以可使果肉更顯眼。
3 於2的上方擠上開心果奶油醬，在用抹刀將表面抹平。最後撒上糖粉。

薰草豆巧克力慕斯蛋糕
（Mousse au Chocolate Tonka） 照片→P.39
◆55cm×35cm×高4.5cm的方形框模4個份

<巧克力奶油醬>
A ┌ 38%鮮奶油（高梨乳業）…6180g
  │ 香草莢（馬達加斯加產／已剝開）…3條
  │ 薰草豆…16.8g
  └ 薰草豆糖…40g
B ┌ 61%巧克力（Lukercacao品牌）…2150g
  │ 38%牛奶巧克力（Belcolade品牌）…190g
  └ P125 Coeur de Guanaja巧克力（Valrhona品牌）…300g

1 將材料A加入鍋中，加熱直到沸騰前關火，使香草莢及薰草豆的香味充分釋放。接著將材料過濾。
2 將1少量分次加入B中，並同時用打蛋器混合使其乳化。完成後的溫度為43℃。

<薰草豆巧克力慕斯>
38%鮮奶油（高梨乳業）…1440g
牛奶（高梨乳業）…960g
香草莢（已剝開）…4條
薰草豆…16.8g
薰草豆糖…120g
無鹽奶油（四葉乳業）…264g
紅糖…500g
加糖蛋黃（加糖25%）…560g
38%鮮奶油（高梨乳業）…960g

61%巧克力（Lukercacao品牌）…2220g
38%鮮奶油（打發用／高梨乳業）…4640g

1 鍋中加入鮮奶油1440g、牛奶、香草莢、薰草豆、薰草豆糖及奶油，開火加熱至60℃。
2 在另一個鍋子中放入紅糖並加熱，使其焦糖化。開始冒煙後即可關火，接著將 **1** 加入攪拌。
3 在 **2** 中加入加糖蛋黃及鮮奶油960g，開火加熱至83℃即可。
4 鍋中加入巧克力，並將 **3** 過濾後一次加入。用打蛋器混合均勻使其乳化。
5 將鮮奶油打發至6～7分發泡後加入 **4**，並用攪拌器混合。攪拌至8成均勻後，換成刮刀從底部往上翻攪拌勻。

<巧克力海綿蛋糕>
（60cm×40cm的烤盤8片份）
蛋白霜
┌ 蛋白…1346g
└ 白砂糖…752g
A ┌ 加糖蛋黃（加糖25%）…673g
│ 全蛋…1460g
│ 糖粉…1004g
└ 杏仁粉（美國產）…1027g
B ┌ 低筋麵粉…411g
└ 可可粉…92g
61%巧克力（Lukercacao品牌）…775g

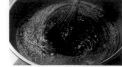
將巧克力與安格列斯醬乳化時，將攪拌器從中心如劃圓圈般快速攪拌。

1 將蛋白及白砂糖放入攪拌缽盆中，攪拌打發至8分起泡，製作蛋白霜。
2 在另一個攪拌缽盆中加入A，以中高速攪拌至呈現白色狀態。
3 將溶化的巧克力加入 **2** 中，用刮刀稍微攪拌。
4 將 **1** 加入 **3** 中，並用刮刀輕輕攪拌。接著加入事先過篩混合的B，用刮刀混合均勻，並小心不要破壞氣泡。
5 烤盤鋪上烘焙紙並倒入 **4**，放入180℃的對流式烤箱中烘烤11分鐘。烘烤完成後取出放置於網子上使其降溫。

<巧克力薄層餅>（55cm×35cm×高4.5cm的方形框模8個份）
38%牛奶巧克力…646g
裹糖榛果…1000g
烤薄餅脆片（Royaltine）…1000g

1 牛奶巧克力隔水加熱至完全融化。加入裹糖榛果混合均勻。
2 將烤薄餅脆片加入 **1** 並攪拌混合。倒入烤盤中，並且延展推平成1.5mm的厚度，再使其冷卻凝固。

<糖漬柑橘>（準備量的比例）
以柑橘重量為100%的比例
A ┌ 白砂糖…33%
│ 果膠粉…1.4%
│ 檸檬果泥…8%
└ 柑橘果皮（5mm切片／Umehara品牌）…66%
柑曼怡利口酒…於步驟 **4** 的熬煮狀態下，材料1kg：利口酒20g

1 柑橘切開，將皮及果肉分離。
2 鍋中加入大量的水（份量外），放入 **1** 的果皮熬煮30分鐘。將熱水倒掉後，重新加水繼續煮30分鐘。接著用濾網將水濾乾。
3 將 **2** 切成5mm的塊狀，加入 **1** 的果肉。
4 鍋中加入 **3** 及材料A加熱煮開後，轉小火熬煮至糖度Brix 53%為止。待餘熱散去後，加入柑曼怡利口酒混合。

<組合與裝飾>（55cm×35cm×高4.5cm的方形框模8個份）
巧克力淋面★…適量
42%鮮奶油（高梨乳業）…適量
裝飾用巧克力…適量
金箔…適量

1 將2100g的巧克力奶油醬倒入55cm×35cm的方形框模中，放入冷凍庫使其凝固後，將巧克力海綿蛋糕切成與框模相同尺寸，並放置於巧克力上方。

2 將底部用的巧克力海綿蛋糕，切成55cm×35cm方形框模的大小，並於表面塗上500g的糖漬柑橘，再放上已經冷卻凝固的巧克力薄層餅後，嵌上框模。
3 在 **2** 的表面倒入600g的薰草豆巧克力慕斯後，將 **1** 脫模，巧克力海綿蛋糕朝下，放在 **3** 的上方。
4 於 **3** 的上方倒入1800g的薰草豆巧克力慕斯，將表面抹平後，利用急速冷凍使其凝固，再將蛋糕脫模。
5 將 **4** 切成寬10.5cm的大小，於表面淋上巧克力淋面後，切成10.5cm×2.3cm的尺寸。在表面擠上8分發泡的鮮奶油，最後用金箔及巧克力裝飾。

★巧克力淋面
白砂糖…1600g
38%鮮奶油（高梨乳業）…1300g
牛奶（高梨乳業）…850g
水麥芽…110g
吉利丁片…44g
可可粉…460g

1 鍋中加入白砂糖加熱，使其焦糖化。焦糖開始冒出熱氣泡時即可關火。
2 將鮮奶油、牛奶、水麥芽及事先泡過水的吉利丁片加入 **1**，混合至吉利丁完全溶解為止。
3 在 **2** 中加入可可粉混合，再次開火加熱至沸騰。完成後將材料移至缽盆內，待餘熱散去。

杏仁大理石蛋糕
（Cake Marbre aux Amandes） 照片→P.40
◆底部7cm×36cm，上部8cm×37cm，高6cm的模型3個份

無鹽奶油（四葉乳業）…750g
杏仁膏（Lubeca品牌）…333g
白砂糖…627g
全蛋…750g
A ┌ 杏仁粉（西班牙產）…750g
└ 低筋麵粉…183g
黑蘭姆酒（Negrita）…67g
可可亞麵糰
┌ 可可粉…66g
└ 黑蘭姆酒（Negrita）…17g

1 攪拌缽盆中加入奶油及杏仁膏，用鉤狀攪拌頭攪拌混至無顆粒的均勻狀態。
2 在 **1** 中加入砂糖，以中速攪拌至呈現白色狀態，最後完成前改用高速攪拌。
3 將少量打散的蛋液加入 **2** 中，以低速攪拌。
4 剩下的蛋液分成4～5次加入 **3** 中，並且以低速攪拌。
5 將事先過篩混合好的A一次加入，用低速攪拌均勻。接著加入蘭姆酒混合後，將材料放入擠花袋中。
6 製作可可亞麵糰。將 **5** 的麵糰取出1575g放入另一個缽盆內，並加入可可及蘭姆酒混合均勻。再將麵糰放入擠花袋中。
7 模型中鋪好烘焙紙，在最底部擠出265g的 **5**，接著於上方擠出230g的 **6**。再用同樣順序擠出 **5** 及 **6**。
8 在 **7** 的模型內用筷子等工具，從模型前端到尾端以螺旋型移動，製作出大理石花紋。
9 用刮刀將 **8** 的表面抹平，並將左右兩端的麵糰堆高，使中央呈現出微微下凹的曲線。用上火175℃、下火180℃的烤箱烘烤30分鐘，再以上火160℃、下火170℃烘烤10分鐘，最後用上火155℃、下火160℃烘烤20分鐘，合計共烘烤1小時。將蛋糕脫模，放置於網上待餘熱散去。最後切成1.5cm厚度的切片蛋糕。

Yuji Watanabe, W.Boléro

ドゥブルベ ボレロ

渡邊 雄二

彩色頁
- 店家資訊 → P.42
- 茉莉花 → P.44
- 枯葉 → P.46
- 焦糖脆餅 → P.47
- 巴斯克蛋糕 → P.48

茉莉花（Jasmine） 照片→P.44

◆160個份

<無奶油巧克力杏仁餅皮>

（60cm×40cm的有孔烤盤4片份）
杏仁粉（西西里島產帕爾瑪吉珍地品種）…592g
白砂糖…592g
中筋麵粉（DGF品牌「Pastry Flour T55」）…200g
可可粉…160g
全蛋…800g
蛋白霜
┌ 蛋白…528g
│ 乾燥蛋白…5g
└ 白砂糖…136g

1 全蛋放入攪拌缽盆中，並加入事先過篩混合好的杏仁粉、白砂糖和中筋麵粉，隔水加熱並同時用打蛋器混合攪拌。加熱至35～37℃時即可停止隔水加熱。
2 將1放置於攪拌機台上，並用鉤狀攪拌頭以中速攪拌。在缽盆的外圍同時用吹風機加熱，攪拌至蓬鬆的發泡狀態。
3 在另一個攪拌缽盆中放入蛋白，用打蛋拌頭以高速攪拌發泡。
4 大約發泡至7～8分左右後，取出少量的白砂糖和乾燥蛋白混合並加入。將乾燥蛋白加入少量白砂糖再加入，有助於溶解的作用。
5 蛋白霜充分發泡並呈現離水狀態後，加入全部的白砂糖。乾燥蛋白可以防止氣泡被破壞，因此繼續打發泡到最大限度。
6 將5的蛋白霜和可可粉分3次分別加入2中，並且用刮板攪拌。不用攪拌至完全均勻即可繼續加入，並且從底部往上大致翻攪。最後留下一些未攪拌完全的蛋白霜即可停止。
7 在鋁製的有孔烤盤上（導熱較佳）鋪上烘焙紙，並且將6倒入720g，再用L型的抹刀將表面抹平，邊緣部分用手指輔助。
8 放入180℃的對流式烤箱內，烘烤6分鐘後將烤盤前後交換，再繼續烘烤1分鐘。完成後將蛋糕從烤盤上取出，在附著烘焙紙的狀態下使其冷卻，使用時再將紙剝掉即可。

<蜂蜜甘納許巧克力>

40%牛奶巧克力（Valrhona品牌的「Jivara Lactee」）…840g
75%巧克力（Pralus品牌的「Dominicana」※／切碎狀）…360g
A ┌ 34%鮮奶油…540g
　│ 牛奶…468g
　└ 蜂蜜（Miel de Garrigue※）…276g
無鹽奶油（森永乳業）…240g
※Pralus品牌「Dominicana」
法國Pralus品牌所販售的大部分巧克力取得不易，而營業用的「Dominicana」也是其中之一。本巧克力是W. Boléro的特別訂製商品。
※Miel de Garrigue蜂蜜
在法國的Garrigue地區，石灰岩山分布廣，自生的草花及香草植物也是種類繁多。因此在這個地區所生產的蜂蜜，擁有強烈的香草類植物香氣，風味獨特且顏色也較深。

1 將2種巧克力放入細長型的容器內，並且倒入已經煮沸的A，再用手持攪拌機混和乳化。為避免混入空氣，將刀刃部分確實浸漬於液體中攪拌。

2 待1冷卻降溫至35℃後，加入已經回溫至常溫的奶油。奶油大約會在40℃時分離，因此要將液體溫度保持在30～35℃左右。

<蛋糕用糖漿>（準備量）
茉莉花茶※…600g
果糖糖漿※…150g
中東亞力酒（Araq）※
（Dover「Gruner Wald　Batavia Arak」）…20g
※茉莉花茶
將茉莉花茶葉45g用沸騰後的熱水825g沖泡的茶。冷卻後使用。
※果糖糖漿
1kg果糖對400g水加熱溶化的糖漿。冷卻後使用。
※中東亞力酒
一種古代酒。是用甘蔗及米製作而成的美索不達米亞蒸餾酒。

1 將所有材料混合。

<中心部的組合>
1 準備底部直徑為3.5cm，上部直徑4cm×高2cm的矽膠模具。將蜂蜜甘納許巧克力用8號圓型擠花嘴，擠至模型的8分滿。
2 將無奶油巧克力杏仁餅皮用直徑4cm的壓模壓出形狀，並浸漬於蛋糕用糖漿中，再輕輕擰乾。
3 將2放在1的上方，放入冰箱冷凍。

<茉莉花巧克力慕斯>
發泡鮮奶油
┌ 39%鮮奶油…1391.5g
└ 34%鮮奶油…1391.5g
茶香鮮奶油
┌ 34%鮮奶油…2090g
└ 茉莉花茶葉…110g
蛋黃…902g
白砂糖…451g
64%巧克力（Valrhona品牌「Manjari」）…1806g

1 製作茶香鮮奶油。將鮮奶油煮沸後關火，加入茉莉花茶葉並且用打蛋器混合。再次開火加熱至沸騰後關火，封上保鮮膜悶熱5分鐘後，將茶葉過濾。
2 缽盆中放入蛋黃，再加入白砂糖用打蛋器徹底拌勻。
3 將1的茶香鮮奶油取出541.2g加入2中混合，用蒸氣加熱（缽盆底部不浸泡熱水，而是靠蒸氣加熱）。繼續用打蛋器攪拌，直到白色泡沫消失，溫度達到68℃後即可停止加熱。
4 缽盆中加入巧克力，接著加入990g的1（茶香鮮奶油）。
5 將3用網口較細的濾網過濾加入4中，並用刮刀輕輕攪拌。
6 製作發泡鮮奶油。將2種鮮奶油的溫度調整至10～15℃後，混合並且用攪拌機打發到5～6分發泡。
7 在5中加入1/3的6（發泡鮮奶油），將缽盆移至爐火上用小火加熱，一邊用打蛋器混合的同時加熱至40℃後，從爐火上移開。
8 加入剩下發泡鮮奶油的1/2，並用打蛋器混合，在尚未混合均勻前加入剩下的發泡鮮奶油，攪拌至呈現出大理石花紋狀態後停止。將材料保持在35～40℃間攪拌使其乳化，能夠呈現出滑順的口感。
9 換成用刮刀攪拌，從缽盆底部往上翻攪直到完全均勻為止。

<組合與裝飾>
塗底用巧克力（準備量）
┌ 75%巧克力（Pralus品牌的「Dominicana」／切碎）…300g
└ 可可脂…100g
噴霧巧克力（準備量）
┌ 32%白巧克力（Lindt）…200g
└ 上色可可脂（白）…200g
人造花…每個蛋糕1朵

1　烤盤鋪上塑膠紙，將直徑5.5cm×高4cm的圓型模具排列好。把茉莉花巧克力慕斯放入擠花袋中，並且用13號的圓型擠花嘴，擠在模具的5分滿。用湯匙將慕斯貼合模具。

2　將蜂蜜甘納許巧克力從矽膠模具上脫模，餅皮面朝下，放入**1**的中央。

3　再擠上茉莉花巧克力慕斯，直到模具的8～9分滿。

4　無奶油巧克力杏仁餅皮用直徑5cm的壓模壓出形狀，放入糖漿中浸漬後，輕輕擰乾，放在**3**的上方。

5　將塗底用巧克力材料混合，並隔水加熱溶化，再用毛刷塗在餅皮表面。

6　於表面蓋上塑膠紙，再用直徑5cm的木棒（長度不限）輕壓蛋糕，使表面平整以及壓去空氣。完成後放入冷凍庫。

在蛋糕底部塗抹巧克力，除了能夠增添風味，也可以防止蛋糕附著於底部。

7　將**6**上下反轉並脫模。

8　將噴霧巧克力的材料混合，隔水加熱至40℃度使其溶化，噴灑於**7**的整體（除底部以外）。最後放上人造花裝飾。

用木棒輕壓蛋糕，將蛋糕中的空氣壓出，使外觀整齊均一。

枯葉（Feuille Morte）　照片→P.46

<巧克力奶油酥餅>
（直徑6cm×高2cm的塔型圓形模型300個份）

發酵奶油（森永乳業）…900g
純糖粉…556g
鹽（法國蓋朗德產）…7撮
香草砂糖（自製）※…18g
杏仁粉（西西里產帕爾瑪吉珍地品種）…174g
全蛋…416g
中筋麵粉（DGF品牌「Pastry Flour T55」）…1384g
可可粉…70g
※香草砂糖（自製）
將使用過1次或2次的香草莢浸泡於熱水中使其軟化，再將水分確實擦乾。接著加入白砂糖，用食物調理機將材料磨碎後過濾。

1　油化成軟膏狀的奶油加入攪拌鉢盆中，再放入糖粉、鹽及香草砂糖，用攪拌機的槳狀攪拌頭，開啟低速攪拌。

2　材料**1**混合均勻後，加入杏仁粉繼續攪拌。

3　將打散的蛋液分2～3次加入攪拌。蛋液不需要乳化。未經乳化的麵糊在烘烤完成後才能呈現出酥脆的口感，另外不需乳化粉類就能彼此融合。

4　將鉢盆從攪拌機上取下，加入已事先過篩混合好的中筋麵粉和可可粉，用刮板稍微攪拌。直到還殘留一些麵粉的狀態時，即可停止攪拌。

5　烤盤鋪上塑膠紙，倒入**4**，再於表面鋪上一層塑膠紙，並用擀麵棍擀成5mm的厚度。完成後放入冰箱冷藏一晚。

<杏仁奶油醬>（準備量／每個蛋糕使用20g）
無鹽奶油（森永乳業）…1350g
純糖粉…1350g
全蛋…1350g
杏仁粉※…1800g
玉米粉…120g
杏仁白蘭地（Wolfberger品牌）…90g
※杏仁粉是由西西里產的帕爾瑪吉珍地品種600g，加上美國產的Carmel品種1200g混合而成。

1　將回溫至常溫的奶油及糖粉放入攪拌鉢盆中，以槳狀攪拌頭低速攪拌。

2　少量分次加入打散的蛋液攪拌，使材料確實乳化。這時候要將奶油及蛋液保持在26℃（溫度過低會使材料分離，因此要特別注意）。

3　將杏仁粉和玉米粉混和過篩後，加入**2**中一起攪拌。

4　加入杏仁白蘭地混合。

<巧克力歐蕾慕斯>（160個份）
焦糖
「白砂糖…250g
└39%鮮奶油…250g
蛋黃…172g
45%牛奶巧克力（Pralus品牌「Melissa」）…679g
80%巧克力（Pralus品牌「Fortissima」）…169g
肉桂粉…23g
荳蔻粉…7g
發泡鮮奶油※（39%鮮奶油，5～6分泡）…1336g
※發泡鮮奶油是由調整至10～15℃的鮮奶油製作而成。

1　白砂糖放入銅鍋內開火加熱，熬煮至深褐色並且讓甜味散去後，加入已煮沸過的鮮奶油後，關火等待餘熱散去。

2　在鉢盆中放入蛋黃，並加入**1**的焦糖混合，用蒸氣加熱（鉢盆底部不浸泡熱水，而是靠蒸氣加熱）。繼續打蛋器攪拌，直到白色泡沫消失，溫度達到68℃後即可停止加熱。

3　將2種巧克力切成小塊放入鉢盆，再加入肉桂粉及荳蔻粉，將**2**用網口較細的濾網過濾加入，再用刮刀輕攪拌。

4　在**3**中加入1/3量的發泡鮮奶油，將鉢盆以小火加熱，同時用打蛋器混合加熱至40℃後，將火關掉。

5　加入剩下發泡鮮奶油的1/2，並用打蛋器混合，在尚未混合均勻前加入剩下的發泡鮮奶油，攪拌至呈現出大理石花紋狀態後停止。將材料保持在35～40℃間攪拌使其乳化，能夠呈現出滑順的口感。

6　換成用刮刀攪拌，從鉢盆底部往上翻攪直到完全均勻為止。

7　準備底部直徑3.5cm，上部直徑4cm×高2cm的矽膠模具。將**6**放入擠花袋中，用8號圓型擠花嘴，擠滿模型直到邊緣為止。完成後放入冷凍庫。

<咖啡慕斯>（160個份）
咖啡歐蕾
「牛奶…2402g
└咖啡豆（曼特寧、深烘焙）…450g
蛋黃…420g
白砂糖…420g
吉利丁片※…54g
咖啡利口酒（Luxardo品牌「Expresso liquer」）…480g
干邑白蘭地（Cognac）…120g
咖啡濃縮液（Trablit「咖啡濃縮液」）…57g
發泡鮮奶油※（47%鮮奶油，7分發泡）…4203g
※吉利丁片用冰水還原後重量為324g（吉利丁片吸水5倍的狀態）。
※發泡鮮奶油是由調整至10～15℃的鮮奶油製作而成。

1　咖啡豆放置於金屬盤上，用擀麵棍壓碎。

2　牛奶加熱至沸騰，加入**1**後轉成小火慢煮，加熱至90℃後關火，蓋上保鮮膜悶熱5分鐘。

3　將**2**過濾至細長型容器內，同時用刮刀按壓咖啡豆，使咖啡充分濾出。稍微靜置使通過網口的咖啡粉沫沉澱。

4　將蛋黃及白砂糖放入鉢盆中，以小火加熱。用打蛋器攪拌的同時加熱至70℃。

5　在**4**中加入已事先冰水還原的吉利丁片，使其溶解。

6　將**3**倒入**5**中混和，並留下咖啡粉沉澱的部分。將鉢盆隔冰水冷卻，待餘熱散去後，加入咖啡利口酒、干邑白蘭地及咖啡濃縮液混合。

7　將發泡鮮奶油分3次加入**6**中。用打蛋器從底部往上翻攪，在完全均勻之前繼續加入發泡鮮奶油攪拌。最後換成刮刀，攪拌直到完全均勻為止。

<鋪塔皮及烘烤>
烤薄餅脆片…適量

1　將已經靜置一晚的巧克力奶油酥餅，放入壓麵機1次，壓成3mm的厚度，再放置於木板上，用塑膠袋密封好，放入冷凍庫冷卻至0℃。

2　將**1**放入壓麵機，1次壓成2mm的厚度。2mm是能夠讓蛋糕整體呈現出最佳口感及美味的厚度，也是最方便客人入口的厚度。

3　將麵糊戳孔，並且用直徑7cm的壓模壓出形狀，再放入直徑6cm×高2cm的塔型圓形模具內。麵糊如開始回溫後，會開始釋出杏仁粉的油脂，因此作業速度要快。（W. Boléro的作法是，在烤盤下方貼上保冷劑，再將烤盤放在作業台上進行。）

4　杏仁奶油醬裝入擠花袋中，用13號圓型擠花嘴，在**3**的表面擠出20g。在烘烤前先放入冰箱冷藏保存。

5　在**4**的塔皮底部放上烤薄餅脆片，再放入155℃的對流式烤箱中，烘烤20分鐘。完成後脫模冷卻。

<組合與裝飾>
濃縮咖啡酒糖液★、咖啡風味卡士達奶油醬※、噴霧巧克力★、裝飾用巧克力

※咖啡風味卡士達奶油醬，是用卡士達奶油醬（參考P.100「巴斯克蛋糕」中的<卡士達奶油醬>作法），加入咖啡濃縮液製成，用來黏接慕斯和塔皮。

1 烤盤鋪上塑膠紙，並放上直徑6cm×高4cm的圓型模具。將咖啡慕斯放入13號圓型擠花嘴的擠花袋中，擠入圓型模具至7分滿。再用湯匙將慕斯與模具內側貼合。
2 將巧克力歐蕾慕斯從矽膠模具中取出，重疊在 1 的上方，並且盡量使表面平整。完成後放入冷凍庫使其凝固。
3 用毛刷沾取濃縮咖啡酒糖液，塗抹在冷卻後的塔上使其吸收，接著再塗一層薄薄的咖啡風味卡士達奶油醬。
4 將 2 脫模，並使其上下倒置後，放在 3 的上方。
5 用噴霧巧克力噴灑蛋糕整體。
6 每個蛋糕放上2片裝飾巧克力裝飾。

★濃縮咖啡酒糖液（10個份）
濃縮咖啡※…60ml
紅糖…28g
※濃縮咖啡是用16g細研磨的濃縮咖啡豆沖泡出60ml的咖啡。

1 紅糖加入濃縮咖啡中溶解。

★噴霧巧克力（準備量）
62%巧克力（明治「Green Cacao」）…100g
41%牛奶巧克力（El Rey「Caoba」）…100g
可可脂（日新化工「NK Ghana 可可脂」）…100g
上色可可脂（黃色）…適量

1 將材料混合並隔水加熱至35～45℃。

焦糖脆餅（Florentins） 照片→P.47

<奶油酥餅>（300個份）
發酵奶油（森永乳業）…900g
純糖粉…470g
鹽（法國蓋朗德產、Sel Fin）…3g
香草砂糖（自製）※…6g
杏仁粉（西西里產帕爾瑪吉珍地品種）…480g
全蛋…366g
中筋麵粉（DGF品牌「Pastry Flour T55」）…1200g
※香草砂糖（自製）
參考P.98「枯葉」的<巧克力奶油酥餅>作法。

1 中筋麵粉放入90℃的對流式烤箱15分鐘，使其乾燥後過篩。
2 將油化成軟膏狀的奶油、鹽及香草砂糖，用攪拌機的槳狀攪拌頭，開啟低速攪拌。
3 材料 2 混合均勻後，加入杏仁粉繼續攪拌。
4 將打散的蛋液分2～3次加入攪拌。蛋液不需要乳化。未經乳化的麵糊在烘烤完成後才能呈現出酥脆的口感，另外不需乳化粉類就能彼此融合。
5 將缽盆從攪拌機上取下，加入 1 的中筋麵粉，用刮板稍微攪拌。直到還殘留一些麵粉的狀態時，即可停止攪拌。
6 烤盤鋪上塑膠紙，倒入 5，再於表面鋪上一層塑膠紙，並用擀麵棍擀成6～7mm的厚度。完成後放入冰箱冷藏一晚。

<牛軋糖>（440個份）
焦糖
┌ 水麥芽…474.8g
└ 白砂糖…1606.8g
47%鮮奶油…1506.8g
發酵奶油（森永乳業）…604g
蜂蜜（Miel de Garrigue※）…252g

堅果類※
┌ 核桃…630g
│ 杏仁（整顆、含皮）…630g
│ 開心果…630g
└ 榛果…420g
※Miel de Garrigue
參考P.97「茉莉花」的<蜂蜜甘納許巧克力>
※堅果類分別放入烤箱烘烤後，核桃壓碎成適當大小，杏仁縱切一半，榛果切成一半。

1 在銅鍋放入少許水（份量外）以及水麥芽，用中火加熱。溶化後少量分次加入白砂糖，用木杓攪拌使其溶化。如果太早變成棕色會產生苦味，因此一邊觀察情況，慢慢加入砂糖調整溫度並使其溶化。
2 與 1 同時進行。將鮮奶油、奶油及蜂蜜放入鍋中，加熱至沸騰。
3 材料 1 的砂糖全部加入後，仍繼續用木杓攪拌加熱。熬煮到沸騰起泡後開始上色。
4 再稍微熬煮一下，使焦糖呈現出恰到好處的棕色（具有焦糖味且殘留甜味）後，加入 2 一起熬煮。
5 熬煮至114℃後，加入堅果類混合。
6 趁 5 還熱燙時，在底部直徑5cm，上部直徑6cm×高1.5cm的矽膠模具中，平整放入各15g，完成後放入冰箱冷凍使其凝固。

<烘烤>
1 將靜置一晚後的奶油酥餅放入壓麵機1次，壓成5mm的厚度，再用直徑4.5cm的壓模壓出形狀。
2 烤盤鋪上烘焙紙，將奶油酥餅排放好後，放入155℃的對流式烤箱烘烤15分鐘。完成後使其冷卻。
3 將 2 放入底部直徑5cm，上部直徑6cm×高1.5cm的矽膠模具中，再放上冷凍過後的牛軋糖，最後放入170℃的對流式烤箱烘烤7分鐘。

趁牛軋糖還熱燙時，分別放入15g於矽膠模具中，再冷凍凝固。

巴斯克蛋糕（Gâteau Basque） 照片→P.48
◆45個份

<沙布列餅皮>
發酵奶油（森永乳業）…900g
鹽（法國蓋朗德產、Sel Fin）…4.5g
白砂糖…900g
檸檬果皮（削成碎末）…10g
蛋黃…270g
中筋麵粉※
┌ 中高筋麵粉
│（奧本製粉・Viron品牌「La tradition Francaise」）…450g
└ 低筋麵粉（近畿製粉「Izanami」）…900g
※中筋麵粉是由法國國產麵粉（中高筋麵粉），加上日本國產小麥的低筋麵粉混合而成。法國產的麵粉擁有強烈的小麥味，麵粉的顆粒也比較大。為配合此特點，選擇日本國產低筋麵粉中，同樣麵粉顆粒較大的「Izanami」。

1 將磨碎的檸檬果皮加入白砂糖中，用手混合。將恢復至常溫（20～26℃）的奶油放入攪拌缽盆中，用槳狀攪拌頭開啟低速攪拌，讓奶油軟化。
2 加入鹽以及 1 的砂糖，在攪拌缽盆周圍用吹風機（工業用）加熱，並繼續以低速攪拌。
3 蛋黃分2～3次加入，缽盆中的材料乳化後再繼續加入蛋黃。根據麵糊的狀況，可由低速調整為中速。
4 將缽盆從攪拌機取下，加入事先過篩好的中筋麵粉一半的量。用刮板從底部往上翻攪混合，在未混合均勻前繼續加入剩下的量。混合至8～9成均勻後停止，並將麵糰取出放置於作業台上。
5 用雙手將麵糰塗抹於檯面般，將整體混和均勻。因為配方的麵粉比例較少，因此要將麵粉完全融入材料中。此動作的目的只是混和均勻，因此不需要過於大力。
6 完全混合均勻後，將麵糰分成2份，並分別放置於鋪有塑膠紙的烤盤上，於麵糰上方也鋪上塑膠紙，用擀麵棍壓平。最後是要用壓麵機壓出6mm的厚度，因此在這裡可以壓成稍厚（7～8mm）的厚度，並且使厚度平均。用塑膠紙密封後放入冰箱冷藏一晚（最少3小時）。

<**櫻桃果醬**>
紅櫻桃（冷凍、整顆）…165g
黑櫻桃（冷凍、整顆）…165g
果糖…66g

1　鍋中（導熱不要太快的鍋子『W. Boléro是使用燉鍋』）加入紅櫻桃和黑櫻桃，再加入果糖加熱。
2　用中火加熱，沸騰後轉小火熬煮20～30分鐘。

<**卡士達杏仁奶油醬**>
杏仁奶油醬（參考P.98「落葉」作法）…300g
卡士達奶油醬★…300g
杏仁白蘭地（Wolfberger品牌）…15g

1　將所有材料用刮刀混合均勻。

★**卡士達奶油醬（準備量）**
牛奶（高梨乳業「北海道3.7牛奶」）…1800g
發酵奶油（森永乳業）…150g
蛋黃…400g
白砂糖…400g
低筋麵粉（近畿製粉「Izanami」）…110g
香草莢…1條

1　銅鍋中加入牛奶、奶油以及割開的香草莢加熱。
2　缽盆中加入蛋黃及白砂糖，用打蛋器拌勻後，再加入低筋麵粉攪拌均勻。

3　1沸騰後，過濾並加入2中混合，接著再過濾倒回1的鍋中並再次加熱。
4　從鍋底往上徹底攪拌，鍋中材料變得滑順時，再繼續熬煮15～20分鐘並且一邊攪拌。
5　蓋上保鮮膜，等餘熱散去後放入冰箱冷藏保管。

<**鋪放塔皮與烘烤**>
牛奶…適量
全蛋…適量

1　將已靜置一晚的沙布列餅皮，放入壓麵機內1次，壓成6mm的厚度。
2　用直徑7cm和直徑6cm的壓模壓出相同數量的餅皮。
3　將直徑7cm壓出的餅皮，放入底部直徑5.5cm、上部直徑7cm×高2cm的圓形模具中（已事先塗過一層奶油）。保持每個部份厚度相同，轉角部分也要確實貼合模型。
4　櫻桃果醬放入擠花袋中（不用擠花嘴），在每個餅皮上擠出6～7g的量。並且用湯匙將果醬抹平。
5　卡士達杏仁奶油醬放入擠花袋中，用13號圓型擠花嘴，在上方擠出13g的量。
6　牛奶加入少量水（份量外）稀釋，用毛刷沾取牛奶塗抹於餅皮邊緣的內側（當作黏接材料，接合下個步驟蓋上的餅皮）。
7　鋪上2用直徑6cm壓出的餅皮，並且用手壓平使其密合。
8　用竹籤在餅皮表面刺出5個空氣孔洞，再用毛刷沾取蛋液塗薄薄一層。表面的蛋液塗抹過厚，烘烤後會產生龜裂痕，因此要特別注意。
9　用叉子刻劃出「巴斯克的十字架」的十字形狀後，放入急速冷凍櫃（Shock Freezer）內使其急速冷凍。
10　蛋糕排列於鐵製的烤盤上，放入155℃的對流式烤箱烘烤35～38分鐘。待餘熱散去後，將蛋糕脫模冷卻。

Akito Tanaka, patisserie AKITO
パティスリー　アキト
田中 哲人

彩色頁
• 店家資訊→P.50
• 柚子巧克力蛋糕→P.52
• 錫蘭肉桂香蕉慕斯→P.54
• 檸檬牛奶巧克力→P.55
• 薩瓦蛋糕→P.56

泡，將麵糊從底部往上翻攪混合，直到麵粉完全均勻為止。
5　烤盤鋪上烘焙紙並倒入4，用L型抹刀將表面延展抹平。
6　放入170℃的對流式烤箱中烘烤20分鐘。待餘熱散去後，將烘焙紙剝下並使其冷卻。

<**柚子甘納許巧克力**>（直徑35cm×高1cm的矽膠模具64個份）
41%牛奶巧克力（Opera品牌「Ta Nea」）…520g
35%鮮奶油…400g
柚子醬（Mikoya香商）…70g

1　將沸騰後的鮮奶油加入巧克力中，用打蛋器混合使其乳化。
2　加入柚子醬混合。
3　倒入矽膠模具中，放入冷凍庫。

<**牛奶巧克力慕斯**>（100個份）
41%牛奶巧克力（Opera品牌「Ta Nea」）…540g
牛奶…360g
吉利丁片…8g
發泡鮮奶油（35%鮮奶油、7分發泡）…720g

1　將牛奶加熱至沸騰，加入事先泡冰水還原的吉利丁片，使之溶解。
2　將1加入巧克力中使其溶化，再用打蛋器混合至乳化。
3　等2冷卻後，加入發泡鮮奶油，再用打蛋器混合均勻。
4　放入冰箱冷藏，使材料冷卻至方便擠花的軟硬度。

<**巧克力薄餅脆片**>（80個份）
41%牛奶巧克力（Opera品牌「Ta Nea」）…50g
杏仁果仁糖…180g
薄餅脆片…90g
無鹽奶油…20g

柚子牛奶巧克力蛋糕
（Citrus Junos & Milk Chocolate）照片→P.52

<**牛奶巧克力餅皮**>（60cm×40cm的烤盤1片份・100個份）
41%牛奶巧克力（Opera品牌「Ta Nea」）…120g
發酵奶油…120g
全蛋…360g
白砂糖…240g
低筋麵粉…125g

1　缽盆中加入巧克力及奶油，隔水加熱使其溶化。
2　將全蛋和白砂糖加入攪拌缽盆內，用打蛋器攪拌頭攪拌至發泡。在缽盆周圍用瓦斯噴槍加溫，並同時用攪拌機以低速攪拌，到達體溫程度時停止加熱，並且改用高速攪拌。材料呈現充分發泡狀態時，將機器轉成低速使泡沫細緻。
3　取出少量的2，加入溫熱的1中，並且用打蛋器拌勻。再次加入少量的2並徹底攪拌，使材料乳化。如果在此步驟沒有確實乳化，烘烤完成的餅皮會無法呈現出酥脆的口感。
4　將3加入2中，用刮刀從底部往上翻攪均勻。注意不要破壞氣泡。在完全混合均勻前，將過篩好的低筋麵粉少量分次加入。避免破壞氣

1 將巧克力、杏仁果仁糖及薄餅脆片放入缽盆中，隔水加熱使巧克力溶化。
2 加入奶油混合。
3 在砧板鋪上OPP烘焙墊，將材料倒在上方，並用L型抹刀延展成薄薄一層，完成後放入冷凍庫。

<牛奶巧克力淋面>（約30個份）
41%牛奶巧克力（Opera品牌「Ta Nea」）…240g
A ┌ 牛奶…60g
　├ 35%鮮奶油…480g
　└ 白砂糖…360g
吉利丁片…12g
太白芝麻油…100g

1 將A混合並加熱至沸騰，再加入事先用冰水還原的吉利丁片，使其溶解。
2 將1倒入巧克力中溶化，再用打蛋器混合至乳化。
3 加入太白芝麻油混合均勻，接著放入冰箱冷藏靜置1天。

<組合與裝飾>
裝飾用巧克力※
※將溶化且延展成薄片的巧克力，用1號～4號的壓模壓出形狀。1種尺寸1片，1個蛋糕總共使用4片巧克力。

1 烤盤鋪上烘焙墊，並放上直徑5.5cm×高5cm的圓型模具。將牛奶巧克力慕斯放入擠花袋中，用圓形擠花嘴擠入模型的5分滿。
2 放入柚子甘納許巧克力，再放上用5號壓模壓出的牛奶巧克力餅皮，並往下壓。
3 擠入牛奶巧克力慕斯，直到完全蓋住牛奶巧克力餅皮為止。
4 放入用5號壓模壓出的巧克力薄餅脆片，再放上用同樣壓模壓出的牛奶巧克力餅皮後，輕輕往下壓。完成後放入冰箱冷凍。
5 巧克力淋面隔水加熱並過濾。
6 烤盤鋪上保鮮膜，再放上金屬網架。將4脫模，並將上下倒置，牛奶巧克力餅皮面朝下放。
7 蛋糕淋上5，最後放上裝飾用巧克力。

錫蘭肉桂香蕉慕斯
（Cinnamon & Banana Mousse） 照片→P.54

◆56個份

<肉桂餅皮>（60cm×40cm的烤盤1片份）
蛋白霜
┌ 蛋白…400g
└ 白砂糖…100g
A ┌ 低筋麵粉…55g
　├ 糖粉…230g
　├ 杏仁粉…320g
　└ 肉桂粉（斯里蘭卡產）…3g

1 蛋白及白砂糖放入攪拌缽盆中，用攪拌機的打蛋器攪拌頭，以高速攪拌至發泡，製作出8分發泡的蛋白霜。
2 將事先過篩混合好的A，以少量分次加入1中，同時用刮刀從底部往上翻攪，並注意不要破壞氣泡。
3 烤盤鋪上烘焙墊，倒入2並以L型抹刀將表面延展抹平後，放入180℃的對流式烤箱烘烤20分鐘。烘烤完成後將烘焙墊取下，並使其冷卻。

<香蕉烤布蕾>（60cm×40cm的烤盤1片份）
香蕉安格列斯醬
┌ 牛奶…400g
├ 35%鮮奶油…300g
├ 香蕉果泥…300g
├ 蛋黃…140g
└ 白砂糖…170g
吉利丁片…10g
蘭姆酒…30g

1 將牛奶、鮮奶油及香蕉果泥混合均勻。

2 銅鍋中加入蛋黃及白砂糖，用打蛋器混合均勻後，加入1攪拌，再開火加熱至沸騰。在中火～大火之間調整，直到材料呈現出濃稠狀，製作出香蕉安格列斯醬。
3 將事先泡冰水還原的吉利丁片加入2溶解，再加入蘭姆酒混合。
4 將3過濾並冷卻後，倒入鋪有OPP烘焙墊的烤盤上，並以L型抹刀將整體延展抹平，最後放入冷凍庫。

<肉桂巧克力慕斯>
36%牛奶巧克力（Carma「Coin Lactee」）…1000g
添加肉桂的安格列斯醬
┌ 牛奶…510g
├ 蛋黃…100g
├ 白砂糖…50g
└ 肉桂粉（斯里蘭卡產）…4g
吉利丁片…20g
發泡鮮奶油（35%鮮奶油、7分發泡）…900g

1 銅鍋中加入蛋黃、白砂糖和肉桂粉，用打蛋器混合均勻後，加入牛奶混合並開火加熱至沸騰。在中火～大火之間調整，直到材料呈現出濃稠狀，製作出肉桂安格列斯醬。
2 將事先泡冰水還原的吉利丁片加入1，使其溶解。
3 將2加入巧克力中，再用打蛋器攪拌至乳化。
4 待3的餘熱散去後，加入發泡鮮奶油，並且用打蛋器混合均勻。

<香蕉巧克力奶油醬>
36%牛奶巧克力（Carma「Coin Lactee」）…225g
香蕉果泥…235g
轉化糖…150g
吉利丁片…6g
發泡鮮奶油（35%鮮奶油、7分發泡）…290g

1 香蕉果泥及轉化糖放入鍋中加熱至沸騰。
2 將1加入巧克力中，再用打蛋器攪拌至乳化。
3 將事先泡冰水還原的吉利丁片加入2，並使其溶解。
4 待3的餘熱散去後，加入發泡鮮奶油，並且用打蛋器混合均勻。

<肉桂酥烤碎餅>（約40個份）
A ┌ 發酵奶油…100g
　├ 白砂糖…100g
　└ 肉桂粉（斯里蘭卡產）…2g
杏仁粉…100g
低筋麵粉…100g

1 將A放入攪拌缽盆中，用槳狀攪拌頭拌勻。首先用低速攪拌，材料混合均勻後加入杏仁粉繼續攪拌。
2 杏仁粉混合均勻後，加入低筋麵粉攪拌，將麵糰取出。
3 將2壓過網口較大的濾網。壓麵糰的訣竅是，將濾網反放，取出一小團放置於濾網上，再用手心往下壓即可。
4 將3放在鋪有烘焙紙的烤盤上，再放入冷凍庫。
5 放入160℃的對流式烤箱烘烤15分鐘，完成後取出冷卻。

<組合與裝飾>
糖粉（裝飾用）

1 將1/2量的肉桂巧克力慕斯，倒入60cm×40cm的框模中，再用L型抹刀抹平，接著放上從冰箱冷凍取出的香蕉烤布蕾，再倒入剩下的肉桂巧克力慕斯並抹平，最後放上肉桂餅皮，再放入冰箱冷凍。
2 將1上下倒置，使肉桂餅皮朝下後，將蛋糕脫模，接著用L型抹刀在表面塗上香蕉巧克力奶油醬。
3 切成8cm×4cm大小，放上肉桂酥烤碎餅後，撒上糖粉完成。

檸檬牛奶巧克力
（Lactee Citron） 照片→P.55

◆56個份

<杏仁餅皮>（60cm×40cm的烤盤2片份）
蛋白霜
```
┌ 蛋白…900g
└ 白砂糖…300g
```
A
```
┌ 杏仁粉…530g
│ 糖粉…350g
└ 低筋麵粉…150g
```

1 蛋白及白砂糖加入攪拌缽盆中，用打蛋器打發至8分起泡，製作蛋白霜。
2 將事先過篩混合好的A分2～3次加入1中，用刮刀從底部往上翻攪，注意不要破壞氣泡。
3 烤盤鋪上烘焙墊，倒入2並且用L型抹刀延展抹均勻。放入180℃的對流式烤箱烘烤20分鐘。烘烤完成後取下烘焙墊，並使其冷卻。

<檸檬慕斯琳奶油醬>
檸檬炸彈麵糊
```
┌ 蛋黃…600g
│ 白砂糖…550g
└ 檸檬果泥（Bioron品牌）…500g
```
無鹽奶油…300g
發泡鮮奶油（35%鮮奶油、7分發泡）…900g

1 銅鍋中加入蛋黃、白砂糖和檸檬果泥，用攪拌器混合並開火加熱。為了避免水分蒸發以及盡早煮出濃稠狀，因此用大火（中火至大火），調整火侯，並且小心不要燒焦，持續攪拌加熱。開始出現細小的白泡沫附著於銅鍋邊時，即為理想的濃稠狀。
2 將1過濾並加入攪拌缽盆中，用打蛋器攪拌頭以中高速攪拌至發泡。攪拌時用保鮮膜蓋住，防止材料飛散。攪拌至材料落下時，會呈現堆積狀態的最大發泡極限，同時再用手持攪拌棒，將材料冷卻至體溫程度。完成後取出1200g使用（剩下的材料裝飾時使用）。
3 奶油放置於室溫（30℃以下）回溫後，放入缽盆中用刮刀將其軟化。溶化後（約40℃）會變質，因此軟化至有如美奶滋般的狀態即可。
4 從2的1200g中，取出少量加入3，用攪拌器混合。材料確實乳化並出現光澤後，再將剩下的2分成兩次加入，並且混合均勻。
5 取出少量的4，加入發泡鮮奶油中，用攪拌器混合後，再倒回4的缽盆中。接著換成刮刀，從底部往上翻攪混合。

銅鍋邊開始附著細緻的白色泡沫時，即為理想的濃稠狀。

將材料充分攪拌至發泡，直到材料流下時呈現堆積的狀態。同時使其冷卻至人體體溫程度。

<甘納許牛奶巧克力>
40%牛奶巧克力（Valrhona品牌的「Jivara Lactee」）…810g
35%鮮奶油…540g

1 鮮奶油加熱至沸騰後，加入巧克力中使其溶化，再用攪拌器混合至乳化。

<奶油酥餅>
發酵奶油…600g
白砂糖…250g
杏仁粉…250g
低筋麵粉…1000g
全蛋…200g
鹽…6g

1 將回溫至室溫（30℃以下）的奶油及白砂糖，加入攪拌缽盆中，並且用攪拌機的槳狀攪拌頭開啟中速攪拌，直到完全均勻為止。再加入鹽稍微攪拌。
2 將打散的蛋液少量分次加入1中混合。材料融合後，將杏仁粉分成2～3次加入，最後加入全部的蛋液。

3 加入已過篩的低筋麵粉，最後使麵糰融為一體並取出，用保鮮膜包起放入冰箱冷藏靜置2小時以上。
4 將麵糰放入派皮機內，壓成2mm的厚度，再切成8cm×4cm大小，接著排列在鋪有烘焙墊的烤盤上，放入170℃的對流式烤箱烘烤15分鐘。

<組合與裝飾>
透明果膠、40%牛奶巧克力（Valrhona品牌的「Jivara Lactee」）、開心果、覆盆莓

1 將1片杏仁餅皮放入60cm×40cm的方形框模中，再倒入甘納許牛奶巧克力，並用L型抹刀將表面抹平均，接著再放上一片杏仁餅皮。
2 倒入檸檬慕斯琳奶油醬，並用L型抹刀將表面抹平均，接著再塗一層製作檸檬慕斯琳奶油醬時預留的檸檬炸彈麵糊，最後放入冰箱冷凍。
3 將2脫模，塗上透明果膠，再切成8cm×4cm的大小。
4 在奶油酥餅表面塗抹一層薄薄的巧克力（事先溶化）。
5 將3放於4的上方，並用開心果碎粒裝飾，每個蛋糕放上1個覆盆莓裝飾。

薩瓦蛋糕（Biscuit de Savoie） 照片→P.56

◆直徑15cm×高12cm的薩瓦模具2個份

<薩瓦蛋糕>
蛋黃…100g
白砂糖…140g
香草濃縮液※
（Narizuka corporation）…3g
蛋白霜
```
┌ 蛋白…150g
└ 白砂糖…50g
```
低筋麵粉…70g
玉米粉…70g
※香草濃縮液
將香草以長時間萃取的高濃縮液體，發酵過且提高其耐熱性。

薩瓦蛋糕的骨董模型取得不易。田中主廚所使用的是，以法國傳統造型所製造出來的新品。

1 蛋黃及白砂糖放入攪拌缽盆中，用打蛋器攪拌頭，開啟高速打至發泡。攪拌至最大限度的發泡狀態時，加入香草濃縮液混合。接著將材料倒入缽盆中。
2 蛋白及白砂糖加入攪拌缽盆中，用打蛋器攪拌頭高速打發至8分起泡，製作蛋白霜。
3 取出少量的1加入2的蛋白霜中，用刮刀攪拌均勻，並同時適當的破壞氣泡。如果材料過於蓬鬆且保留大氣泡，在烘烤過程中蛋糕會產生氣孔，因此要確實攪拌。
4 將一半的3加入1中，用刮刀攪拌，在攪拌過程中加入事先過篩好的低筋麵粉及玉米粉一半的量。
5 在麵粉尚未完全拌勻之前，加入剩下的蛋白霜，並在尚未均勻之前加入剩下的低筋麵粉及玉米粉後，確實混合均勻。

<烘烤及裝飾>
糖粉（裝飾糖粉）

1 將奶油溶化（份量外），用毛刷仔細塗抹在模型內側。接著撒上高筋麵粉（份量外），並敲打模型外側使多餘的麵粉掉落。
2 將麵糊放入擠花袋內，用圓形擠花嘴擠入1的模型中，向下凹陷等較為細緻的部位，接著再倒入麵糊（1個蛋糕倒入260g）。將模型敲打作業台，去除麵糊中的氣泡。
3 放入160℃的對流式烤箱烘烤45分鐘。烘烤完成後將模具倒放，使蛋糕脫模，並靜置直到冷卻。
4 撒上糖粉裝飾。

Eiji Kakita, ÉLBÉRUN

エルベラン

柿田 衛二

彩色頁

• 店家資訊→P.58
• 黑醋栗荔枝歐貝拉→P.60
• 鹽味焦糖閃電泡芙→P.62
• 祈願的櫻花酒→P.63
• 國產檸檬週末蛋糕→P.64

黑醋栗荔枝歐貝拉（Opera）照片→P.60

◆54個份

<杏仁餅皮>（60cm×40cm的烤盤4片份）
A「杏仁粉（西班牙Valencia產）…480g
　　白砂糖…320g
　　轉化糖…40g
　　全蛋…800g
　　低筋麵粉（日清製粉「超級紫羅蘭」）…140g
　　無鹽奶油（Calpis「低水分奶油」）…100g
蛋白霜
「蛋白…460g
　白砂糖…180g

1　將A放入食物處理機內（food processor），混合攪拌至溫度稍微上升為止。
2　蛋白及白砂糖加入攪拌缽盆中，用打蛋器攪拌頭打發至8分起泡。
3　將2的蛋白霜放入1中，並用刮刀攪拌均勻。
4　烤盤鋪上矽膠烘焙墊，接著倒入3並使表面平均，放入上下火皆為200℃的烤箱（平窯）烘烤12分鐘。烘烤完成後將烘焙墊從烤盤取下，冷卻後將餅皮從烘焙墊取下。

<塗層用巧克力>（準備量）
61%巧克力（Valrhona品牌「Extra bitter」）…100g
可可粉…20g
米油※…10g
※米油具有極佳的抗氧化作用，可防止材料變質，同時也不會影響風味。

1　將所有材料放入缽盆中，隔水加熱溶化（也可以用微波爐）。

<荔枝茶濃縮液>
荔枝茶的茶葉（Relaxtea NY「荔枝茶」）…20g
礦泉水（軟水／「清姬美水」※）…500g
白蘭地（Courvoisier「V.S.O.P」）…60g
※軟水
本店將使用的水區分為軟水及硬水兩種，軟水使用來自和歌山縣熊野山系水源的「清姬美水」。

1　茶葉加入煮沸的礦泉水，蓋住鍋蓋沖泡2分半。
2　將茶葉過濾。過濾時用刮刀大力地按壓茶葉，釋放出茶葉中的澀味。
3　趁熱將白蘭地加入2後，使其冷卻。

<餅皮用糖漿>（杏仁餅皮1片使用320g）
糖漿
「白砂糖…420g
　礦泉水（軟水／「清姬美水」）…320g
荔枝茶濃縮液（參考上述）…300g
黑醋栗果泥（Bioron品牌）…225g
覆盆莓果泥（La fruitiere品牌）…40g
檸檬果泥（日本國產／Taka食品「櫻 檸檬」）…18g

1　糖漿的材料放入鍋中加熱，白砂糖完全溶解後關火，並靜置冷卻。
2　將剩下的材料加入1，並用打蛋器混合均勻。

<荔枝茶甘納許牛奶巧克力>
A「35%鮮奶油…100g
　　荔枝茶濃縮液（參考左邊）…100g
　　轉化糖…35g
41%牛奶巧克力（Valrhona品牌的「Jivara Lactee」）…300g
無鹽奶油（Calpis「低水分奶油」）…60g

1　將A放入鍋中加熱至沸騰。開始沸騰冒泡後再稍微熬煮即可關火。
2　將1加入巧克力中，用手持攪拌機混合使其溶化。為了避免打出泡沫，將刀刃部分完全浸泡在液體內攪拌。
3　冷卻至體溫程度後，加入回溫至常溫的奶油，再用手持攪拌機混合至滑順狀態。

<黑醋栗奶油霜>
黑醋栗的義大利蛋白霜
「A「乾燥蛋白（SOSA品牌「Albumina」）…7g
　　黑醋栗果泥（Bioron品牌）…42g
　　覆盆莓果泥（La fruitiere品牌）…10g
　　檸檬果泥（日本國產／Taka食品「櫻 檸檬」）…6g
　　荔枝茶濃縮液（參考左邊）…40g
糖漿
「白砂糖…125g
　礦泉水（軟水／「清姬美水」）…42g
黑醋栗的安格列斯醬
「蛋黃…100g
　白砂糖…126g
　黑醋栗果泥（Bioron品牌）…120g
　覆盆莓果泥（La fruitiere品牌）…30g
　檸檬果泥（日本國產／Taka食品「櫻 檸檬」）…18g
無鹽奶油（Calpis「低水分奶油」）…630g

1　製作黑醋栗的義大利蛋白霜。將A除了乾燥蛋白以外的材料，倒入攪拌缽盆內，接著加入乾燥蛋白並立刻用手持攪拌機拌勻，避免結塊。混合好後，再用攪拌機的打蛋器攪拌頭以高速打至發泡。
2　與1同時進行。將糖漿的材料放入鍋中，加熱至120℃。
3　1打發至8分發泡時，將2少量分次加入，並且確實打發泡。
4　製作黑醋栗的安格列斯醬。缽盆中依序加入蛋黃、果泥類及白砂糖，並用打蛋器混合均勻。
5　將4加熱至沸騰後，移到攪拌缽盆中，用手持攪拌機混合，接著再用打蛋器攪拌頭打發起泡，直到材料冷卻至體溫程度為止。
6　回溫至常溫的奶油少量分次加入5，攪拌直到材料滑順為止。攪拌完成後將缽盆從機器取下。
7　將3的黑醋栗義大利蛋白霜再次用攪拌機（打蛋器攪拌頭）打發起泡，並少量分次加入6混合。直到材料呈現出滑順且充分發泡的狀態。

<鏡面巧克力>（準備量）
礦泉水（軟水／「清姬美水」）…300g
35%鮮奶油…250g
白砂糖…360g
可可粉…120g
白蘭地（Courvoisier「V.S.O.P」）…10g
吉利丁片…17.5g

1　將礦泉水及鮮奶油倒入鍋中加熱至沸騰。
2　白砂糖及可可粉放入缽盆中，再倒入1混合均勻。
3　再次開火加熱至110℃，加入白蘭地，以及事先用冰水還原的吉利丁片後，關火。

4 用手持攪拌機將材料攪拌至滑順狀態後，於表面封上保鮮膜並靜置冷卻。直到22℃時即可使用。（若從冰箱冷藏取出時，首先加熱至40℃後，再冷卻至22℃）

充分攪拌能夠展現出中高筋麵粉的強度，麵糊帶有筋度，因此雖然質地柔軟也能夠維持形狀。麵糊含有水分，烘烤完成後呈現出濕潤感。

<組合與裝飾>
黑醋栗果膠★、馬卡龍、跳跳糖（用Chef rubber品牌「pearl powder purple」上色）、本店招牌裝飾

1 準備57cm×37cm的方形框模，並將杏仁餅皮切成相同尺寸。
2 取出1片杏仁餅皮，在上色的面塗上100g的塗層用巧克力，並且在凝固前撒上滿滿一片白砂糖（份量外）（防止餅皮變型用）。接著放入冰箱冷凍使其凝固。
3 將2的巧克力塗面朝下，放入框模中。
4 在表面塗上320g的餅皮用糖漿，接著塗上1/2量的荔枝茶甘納許牛奶巧克力（約280g），再放上一層杏仁餅皮。表面用派皮機打孔（為了充分吸收糖漿），再塗上320g的餅皮用糖漿，完成後放入冰箱冷凍使整體稍微冷卻凝固。
5 在4的表面塗上1/2量的黑醋栗奶油霜（約575g），再放上一層杏仁餅皮，打空氣孔後塗上320g的餅皮用糖漿。再次放入冰箱冷凍使整體稍微冷卻凝固。
6 將剩下的甘納許巧克力塗在表面，放上一層杏仁餅皮，打空氣孔後塗上320g的餅皮用糖漿。接著放入冰箱冷凍使整體稍微冷卻凝固。
7 將剩下的黑醋栗奶油霜塗在表面，再用L型抹刀將表面塗抹均勻後，放入冰箱冷凍使整體稍微冷卻凝固。
8 將框模取下，切成12cm×28cm的大小。
9 淋上鏡面巧克力，靜置一段時間後再切12cm×3cm大小。
10 淋上黑醋栗果膠裝飾，再放上馬卡龍（每個蛋糕1個）、馬卡龍、跳跳糖及本店原創Logo裝飾。

★黑醋栗果膠
果膠（Valrhona品牌「Absolu crystal」）…100g
黑醋栗果泥（Bioron品牌）…5g
色素粉（Chef Rubber品牌「pearl powder purple」）…適量

1 將所有材料混合，再用手持型攪拌機混合均勻。

鹽味焦糖閃電泡芙（Éclair） 照片→P.62

◆45個份

<泡芙脆皮>
A ┌ 牛奶…260g
　│ 礦泉水（硬水※／德國產「Gerolsteiner」）…260g
　│ 無鹽奶油（Calpis「低水分奶油」）…230g
　│ 鹽…5g
　└ 白砂糖…5g
中高筋麵粉
（奧本製粉・Viron品牌「La tradition Francaise」）…260g
全蛋…500g
表面蛋液
┌ 全蛋…適量
└ 水…適量
※為了配合法國產小麥的中高筋麵粉，因此使用硬水。乳製品及雞蛋等為日本國產，所含有的水分為軟水，為了補足此部分，因此選用硬度最高的德國產Gerolsteiner礦泉水。

1 材料A放入鉢盆中加熱，沸騰後關火加入中高筋麵粉，並用攪拌器迅速攪拌。接著換成木杓，再次開火加熱，用較強的中火加熱並持續攪拌。材料出現分離感且溫度達到80℃（麵粉的蛋白質開始糊化的溫度）時，即可將材料移到攪拌鉢盆內。
2 用槳狀攪拌頭攪拌，將打散的蛋液少量分次加入，並調整為中低速攪拌。全部加入後也持續攪拌。用高速攪拌並將蛋液分次加入時，鉢盆內材料確實均勻後，再依序加入剩下的蛋液。最後1～2次轉成中低速攪拌，使麵糊確實融合。
3 蛋液全部加入後，將鉢盆從攪拌機取下，用刮刀拌揉麵糊。藉由拌揉麵糊提高筋度，雖然麵糊質地柔軟但具有彈性，用擠花袋擠出時也不會散掉。
4 將麵糊放入擠花袋中，用12號星型擠花嘴，在鋪有烘焙墊的烤盤上，擠出長11cm，重30g的形狀，並保持間隔。

5 將打散的蛋液加入少許水分，並用毛刷塗抹於表面。
6 放入上下火皆為200℃的烤箱（平窯）烘烤10分鐘後，調整成190℃並稍微打開烤箱烘烤15分鐘，接著再調降為160℃關上烤箱烘烤10分鐘。

<鹽味焦糖醬>
焦糖
┌ 白砂糖…180g
└ 水麥芽…48g
無鹽奶油（Calpis「低水分奶油」）…180g
A
┌ 35%鮮奶油…144g
│ 白蘭地（Courvoisier「V.S.O.P」）…5g
└ 鹽（喜馬拉雅岩鹽）…5g

1 將材料A放入鉢盆中隔水加熱。
2 焦糖的材料放入鍋中開火加熱。同時用刮刀攪拌，出現沸騰的細白泡沫，下沉後仍繼續熬煮。
3 出現大氣泡且變成深褐色後，少量分次加入奶油。雖然材料會分離，但仍持續加熱。
4 奶油全部加入後，沒有完全溶化也沒關係，加入1一半的量並且用攪拌器確實拌勻。材料會從分離的狀態慢慢融合。少量分次加入剩下的1，在開火加熱至沸騰且鹽完全溶解後，關火，移到鉢盆中置於常溫下使其冷卻。

<鹽味焦糖慕斯琳奶油>
牛奶…800g
白砂糖…200g
蛋黃…160g
中高筋麵粉
（奧本製粉・Viron品牌「La tradition Francaise」）…90g
無鹽奶油…240g
鹽味焦糖醬（參考上述）…甘納許巧克力使用200g後剩下全部的量

1 將1/3量的砂糖加入牛奶中，開火加熱。
2 鉢盆中加入蛋黃及剩下的白砂糖，用攪拌器混合均勻，再加入中高筋麵粉確實攪拌。
3 材料1加熱後將2/3的量放入2，並用攪拌器迅速拌勻後，過濾至1中。
4 開火加熱至沸騰，材料開始出現濃稠狀時關火。
5 加入奶油及鹽味焦糖醬，用攪拌器徹底攪拌使材料乳化，完成後置於常溫使其冷卻。

<鹽味焦糖甘納許巧克力>
35%鮮奶油…270g
無鹽奶油…75g
吉利丁片…4g
A ┌ 35%白巧克力（Valrhona品牌「Ivoire」）…225g
　│ 可可粉…45g
　└ 鹽味焦糖醬（參考上述）…200g

1 將鮮奶油與奶油混合並加熱至沸騰。加入事先泡冷水還原的吉利丁片，使其溶解並攪拌均勻。
2 在鉢盆中加入A，再倒入1，用手持型攪拌機攪拌至乳化。
3 密封上保鮮膜，放入冰箱冷藏靜置一晚。

<鹽味巧克力>
61%巧克力（Valrhona品牌「Extra bitter」）…200g
鹽（喜馬拉雅岩鹽）…3g

1 材料混合並溶化，調溫（tempering）（先降溫至27℃後，再調整至30℃後），延展成2mm的厚度。
2 切成5mm×11cm的大小。

<完成裝飾>
發泡鮮奶油（35%鮮奶油、8～9分發泡）…350g
糖粉（裝飾糖粉）…適量

1 將鹽味焦糖慕斯琳奶油放入攪拌缽盆內，用攪拌機打發至蓬鬆的狀態後，加入發泡鮮奶油，並且用刮刀拌勻。
2 將1放入擠花袋中，並且使用2號圓型擠花嘴。將烘烤完成的閃電泡芙（泡芙脆皮）的其中一端開孔穿透，並將1擠入40g至整個泡芙內側。
3 將鹽味巧克力從孔中插入泡芙。
4 使用鋸齒狀的平口擠花嘴，將鹽味焦糖甘納許巧克力擠在表面。並擠出一條波浪狀的造型。
5 在閃電泡芙的兩端撒上糖粉。

祈願的櫻花酒（Sakura Sake） 照片→P.63

◆68個份

<生馬卡龍>（花朵造型136片份）
奶油乳酪（北海道乳業「Luxe」）…250g
蛋黃…25g
牛奶…220g
低筋麵粉（增田製粉所「內麥Gold」）…75g
日本酒（辰馬本家酒造「白鹿」）…80g
酒粕（辰馬木家酒造「白鹿」）…30g
蛋白霜
┌蛋白…160g
│白砂糖…110g
│海藻糖…25g
│乾燥蛋白（SOSA品牌「Albumina」）…3g
└檸檬果汁…10g
紅色色素…適量

1 奶油乳酪隔水加熱後，用攪拌器攪拌至軟化，再加入蛋黃混合。
2 牛奶及低筋麵粉放入缽盆中，用攪拌器混合均勻，再加入日本酒及酒粕後，用偏弱的中火加熱，直到材料出現黏性為止。
3 將2加入1中混合，並用手持型攪拌機攪拌至柔軟的狀態。如果沒有確實混和均勻，會因此而影響口感，因此要特別注意。
4 將蛋白霜材料放入攪拌缽盆中，用手持型攪拌機將蛋白打散後，將材料冷卻（冷卻後較容易打發泡）。接著用攪拌機以高速攪拌打發至8分發泡。於攪拌途中將色素溶解於酒精（份量外）中，並且少量分次加入，讓麵糊呈現櫻花色。
5 取出少量的4加入3中，用攪拌器確實混合後，再倒回4中，用刮刀從底部往上翻攪。
6 材料放入6號圓型擠花嘴的擠花袋內，在鋪有矽膠烘焙墊的烤盤上，擠出花朵的形狀，再靜置10分鐘。
7 準備盛有水的下烤盤，再於上方再放置一層倒置的烤盤後，放入上下火皆為170℃的烤箱中（平窯），調節風門（Damper）全開，以極弱的火力烘烤10分鐘，再稍微開啟烤箱門烘烤10分，最後關上烤箱門烘烤5分。
8 烘烤完成並完全冷卻後，放入冷凍庫保存。

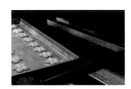
擠出櫻花的造型。

反放的烤盤+裝水的下烤盤，讓烘烤的火力更溫和。

<櫻花餡>（每個使用2.5g）
紅豆餡…400g
櫻花葉醬…5g

1 材料放入食物處理機內混合均勻。

<日本酒及白巧克力的巴伐利亞奶油>（每個使用4.5g）
安格列斯醬
┌蛋黃…25g
│白砂糖…10g
│日本酒（辰馬本家酒造「白鹿」）…60g
│酒粕（辰馬本家酒造「白鹿」）…15g
│35%鮮奶油…50g

└吉利丁片…4.5g
35%白巧克力（Valrhona品牌「Ivoire」）…73g
發泡鮮奶油（35%鮮奶油、6分發泡）…160g

1 將安格列斯的材料（吉利丁片事先泡冷水還原）加入缽盆中（因為量少可以一次全加入），再開火加熱至82℃。
2 白巧克力放入缽盆中，加入1後，用手持型攪拌機將材料乳化。
3 材料降溫至40℃後，加入發泡鮮奶油並且用攪拌器混合，攪拌至一定程度後，換成刮刀由底部往上翻攪混合。
4 將缽盆底部隔冰水，冷卻至容易擠花的軟硬度即可。

<組合與裝飾>
1 冷凍後的生馬卡龍（因為質地柔軟，因此要冷凍凝固後再使用），一片烘烤面朝上放置，另一片則朝下放置（2片1組）。
2 將櫻花餡放入8號圓型擠花嘴的擠花袋內，於烘烤面朝上的生馬卡龍擠上2.5g的餡料。
3 準備棒棒糖用的棒子，將上半部放置於餡料的中心，再輕輕往下壓使其陷入餡料中。
4 將日本酒及白巧克力的巴伐利亞奶油，放入8號圓型擠花嘴的擠花袋內，於3的上方擠出4.5g。
5 於4的上方疊上烘烤面朝下的生馬卡龍，做成夾心餅。再放入冷凍庫內使其凝固。

國產檸檬週末蛋糕
（Lemon Weekend） 照片→P.64

◆底部外尺寸22.5cm×3.5cm、
　上部內尺寸23cm×4.5cm×高6cm的磅蛋糕模型5個份

<蛋糕體>
檸檬糖液★…150g
白砂糖…250g
全蛋…340g
低筋麵粉（日清製粉「超級紫羅蘭」）…340g
泡打粉…20g
無鹽奶油…340g
糖漬檸檬★…200g

1 奶油隔水加熱溶化後以直火加熱，同時用攪拌器攪拌並讓水分蒸發，加熱至燒焦前關火。並繼續用隔水加熱。
2 缽盆中加入檸檬糖液、白砂糖及全蛋，用攪拌器徹底混合均勻，再開火加熱至體溫程度。
3 將2關火後，放入事先過篩混合好的低筋麵粉及泡打粉，並用攪拌器拌勻。
4 加入隔水加熱後的1（奶油）混合後，用手持型攪拌機攪拌至乳化。如果沒有充分乳化，會影響蛋糕的口感，因此要特別注意。
5 加入糖漬檸檬，再用攪拌器混合均勻。
6 模型塗抹鋪粉後，將材料放入擠花袋中（不用擠花嘴），擠320g至模型中。
7 放入上下火皆為160℃的烤箱中（平窯），並於上方鋪上倒置的烤盤，烘烤約50分鐘。
8 烘烤完成後不立刻脫模，而是將模型倒放於鋪有矽膠烘焙墊的金屬盤上，使浮起的蛋糕頂面壓平。大致冷卻後即可脫模。

★檸檬糖液（準備量）
檸檬（日本國產）…（連同果皮及果汁※）235g
半乾杏桃（Maitre prunille品牌）…250g
轉化糖…240g
純糖粉…600g
海藻糖…125g
白蘭地（Courvoisier「V.S.O.P」）…10g
肉桂粉（斯里蘭卡產）…適量
※日本國產檸檬大約為中型7個量。果皮削成泥狀。

1 將1/3量的糖粉，以及其他所有材料放入食物處理機內（FMI品牌「robot coupe」）混合。
2 混合均勻後加入剩下的糖粉，攪拌直到呈現出均勻泥狀。

★糖漬檸檬（準備量）
檸檬（日本國產、中型）…4個
半乾杏桃（Maitre prunille品牌）…250g
糖漿
「礦泉水（軟水／「清姬美水」）…260g
白砂糖…320g
海藻糖…80g

1　檸檬連皮切成5mm厚度的薄片，並將籽去除。杏桃切成小塊。
2　糖漿的材料放入鍋中，開火加熱使材料溶解。
3　將杏桃放入具有耐熱性的缽盆內，上方緊密地鋪著檸檬，再倒入糖漿。接著封上保鮮膜，並確認密封無縫隙。
4　放入900～1000w的微波爐加熱10～12分鐘。隨著冷卻保鮮膜會因為收縮而形成真空狀態。保持此狀態放入冰箱冷藏一晚浸漬。
5　隔天用手持攪拌機將4的果肉攪碎，並且熬煮至水氣蒸散以及出現透明感為止。完成後靜置冷卻。

<完成裝飾>
檸檬果醬（準備量）
「杏桃果醬…200g
果膠（Valrhona品牌「Absolu crystal」）…40g
檸檬果泥（日本國產／Taka食品「櫻 檸檬」）…20g
肉桂粉（斯里蘭卡產）…極少量
糖霜（準備量）
「純糖粉…300g
礦泉水（軟水／「清姬美水」）…40g
檸檬果泥（日本國產／Taka食品「櫻 檸檬」）…40g

1　檸檬果醬的材料放入鍋中加熱至沸騰。
2　完成後立刻將1用刷毛塗抹於蛋糕外側，只有底部面不用塗抹。
3　將糖霜材料用打蛋器混合均勻，淋在2的表面後暫時靜置。等到用手指觸碰也不會沾黏時，放入上下火皆為200℃的烤箱中（平窯）烘烤2分鐘使表面乾燥。

Kazuhiro Arai, PATISSERIE a terre
パティスリー ア テール
新井 和碩

彩色頁
• 店家資訊→P.66
• 黑森林蛋糕→P.68
• 蘭姆酒巴巴蛋糕→P.70
• 馬郁蘭蛋糕→P.71
• 紅酒巧克力蛋糕→P.72

黑森林蛋糕（Forêt Noire）　照片→P.68

<櫻桃巧克力蛋糕>
（直徑7cm×高2.5cm的馬芬矽膠模型24個份）
發酵奶油…200g
白砂糖…135g
Muscovado黑糖※…110g
全蛋…245g
杏仁粉（西班牙產）…245g
可可粉（Chocovic品牌）…52g
櫻桃（Boiron品牌／冷凍、整顆）…72個
櫻桃酒（Kirsch）糖漿
「水…100g
白砂糖…40g
櫻桃酒（Massenez品牌「Eau-de-Vie kirsch」）…70g
※Muscovado黑糖
於菲律賓內格羅斯島上，由不使用農藥及化學肥料栽種出的甘蔗所製成的一種黑糖。含有豐富的鈣質與礦物質元素，味道與黑糖類似。

1　將油化成軟膏狀的奶油放入缽盆中，再加入Muscovado黑糖及白砂糖，用打蛋器混合攪拌至出現些許白色狀態為止。
2　少量分次加入升溫至25℃的蛋液。
3　加入杏仁粉混合，接著加入可可粉徹底拌勻後，將缽盆從攪拌機取下。
4　將3放入擠花袋中，並且用12號圓型擠花嘴，在馬芬矽膠模具中各擠入40g，接著在中央放入3顆櫻桃，再將櫻桃往下壓。
5　放入上火180℃，下火200℃的烤箱（平窯）烘烤30～35分鐘。
6　將櫻桃酒糖漿的材料放入鍋中，開火加熱至白砂糖溶解為止。
7　5烘烤完成後，趁熱用毛刷沾取溫熱的6充分塗抹於表面。再靜置於室溫下冷卻。

<甘納許巧克力>（準備量）
60%巧克力（Chocovic品牌「Kendarit」）…200g
35%鮮奶油…250g

1　鮮奶油加熱至沸騰前，再加入巧克力中，用手持型攪拌機將材料乳化。
2　蓋上保鮮膜靜置等餘熱散去。

<白巧克力奶油醬>（準備量／每個蛋糕使用15g）
38%鮮奶油（高梨乳業）…250g
轉化糖…40g
30.3%白巧克力（Chocovic品牌「OPAL」）…250g
38%鮮奶油（高梨乳業）…350g
櫻桃酒（Massenez品牌「Eau-de-Vie kirsch」）…70g

1　鍋中加入鮮奶油（250g）及轉化糖，並加熱至50℃。
2　白巧克力放入微波爐溶化，加入1並且用手持攪拌機將材料乳化。
3　加入冰涼狀態的鮮奶油（350g），再加入櫻桃酒混合。
4　蓋上保鮮膜（緊密附著著液體），放入冰箱冷藏靜置一晚（靜置一晚後，打發起泡時才不會分離）。

<薰草豆巧克力奶油醬>（準備量／每個蛋糕使用20g）
38%鮮奶油（高梨乳業）…250g
轉化糖…30g
薰草豆…1個
60%巧克力（Chocovic品牌「Kendarit」）…225g
38%鮮奶油（高梨乳業）…350g

1　鍋中加入鮮奶油（250g）、轉化糖及薰草豆，並加熱至50℃。
2　巧克力放入微波爐溶化，加入除了薰草豆以外的1，並且用手持攪拌機將材料乳化。
3　加入冰涼狀態的鮮奶油（350g）並混合均勻。
4　蓋上保鮮膜（緊密附著著液體），放入冰箱冷藏靜置一晚（靜置一晚後，打發起泡時才不會分離）。

<完成裝飾>
牛奶巧克力薄片★、糖漬櫻桃、可可粉（Chocovic品牌）

1　將櫻桃巧克力蛋糕的烘烤面削平並倒放。
2　淋上加熱至40℃的甘納許巧克力，用抹刀將表面多餘巧克力刮去並抹平，再放入冰箱冷卻。
3　白巧克力奶油醬打發至7分起泡，用8號圓形擠花嘴，在2的表面擠出6個圓形，在中間也擠出1個圓形。
4　薰草豆巧克力奶油醬充分打發至9分起泡，用湯匙撈起一個橢圓形（1個約20g），並放置於3的上方。
5　撒上可可粉，接著將每個蛋糕放上一

成功取出漂亮的橢圓形狀，也是為外觀加分的關鍵。

片牛奶巧克力薄片，薄片中間再放上1顆櫻桃後完成。

★牛奶巧克力薄片
38.8%巧克力（Chocovic品牌「Jade」）…適量

1 將溶化的巧克力倒在作業台上，並用三角刮板以調溫（tempering）方式使巧克力降溫。
2 巧克力開始變硬且延展成一定厚度後，用L型抹刀刮平。
3 呈現出用手觸摸時指甲有點無法嵌入的硬度時，使用直徑8cm的圓形模型邊緣，削出大面積的薄片。

利用圓形壓模的大幅度邊緣，將牛奶巧克力削出薄片。

蘭姆酒巴巴蛋糕
（Baba au Rhum）照片→P.70

<巴巴蛋糕>（直徑5cm×高4cm的圓形模具25個份）
A
「 中高筋麵粉（日清製粉「Merveille」）…150g
 高筋麵粉（日清製粉「超級山茶花」）…100g
└ 高筋麵粉（日清製粉「Legendaire」）…80g
白砂糖…10g
鹽…4g
速發乾酵母…8g
發酵奶油…120g
全蛋…270g
牛奶…40g

1 攪拌鉢盆中加入A、白砂糖、鹽及速發乾酵母，並用麵包專用的S型鉤狀攪拌頭攪拌。
2 攪拌均勻後將全蛋及牛奶分2次加入，首先用低速攪拌，開始混合後調整為中速，使麵糰出現筋度。持續攪拌直到麵糰出現光澤為止。
3 奶油調整至15～20℃，並且分3次加入2中，持續攪拌至均勻狀態。如果奶油的溫度過高，會使麵糰開始軟化，因此要注意溫度。
4 在圓形模具內側塗一層薄薄的奶油，再將3以每個30g置入模具中。
5 接著放入發酵爐中，以28℃發酵30分鐘。並確認麵糰是否膨脹至模具的7分滿。
6 再放入180℃的對流式烤箱中烘烤35～40分鐘，充分烘烤至蛋糕呈現出深褐色為止。
7 烘烤完成後將蛋糕脫模，並靜置於室溫下冷卻。

<蘭姆酒糖漿>（準備量）
水…1500g
白砂糖…550g
柑橘果皮…1個份
肉桂條…1條
香草莢…1條
蘭姆酒（Negrita）…120g

1 將蘭姆酒以外的材料放入鍋中，並加熱至沸騰。
2 趁1還熱燙時加入蘭姆酒，讓酒精揮發。

<卡士達鮮奶油餡>（準備量／每個蛋糕使用30g）
卡士達奶油醬★…1000g
47%鮮奶油…300g

1 鮮奶油打發至6分起泡。
2 將攪拌至滑順的卡士達奶油醬加入1，用刮刀確實拌勻。再放入冰箱使其冷卻。

★卡士達奶油醬（準備量）
低溫殺菌牛奶（高梨乳業）…1500g
香草莢（大溪地產）…1條
蛋黃…350g
白砂糖…375g
中高筋麵粉（日清製粉「Merveille」）…150g
無鹽奶油（高梨乳業）…90g

1 鍋中加入牛奶、已剝開取出種子的香草莢以及一部分的白砂糖，開火加熱。沸騰前將火關掉，蓋上保鮮膜並放入冰箱冷藏靜置1天，讓牛奶充分吸收香草風味。
2 將1加熱至沸騰。
3 蛋黃及白砂糖加入鉢盆中，用打蛋器拌勻後再加入中高筋麵粉混合。
4 將2加入3中，混合均勻後過濾至2的鍋中，接著開火加熱。同時用打蛋器攪拌，材料開始沸騰且呈現糊狀後，再繼續煮到較稀釋的狀態即可關火，接著加入奶油使之溶化。
5 材料倒在金屬板上，表面用保鮮膜密封。金屬板的底部隔冰水冷卻，冷卻後放入冰箱冷藏保存。

<組合與裝飾>
蘭姆酒漬葡萄乾（自製）、蘭姆酒（Negrita）、杏桃果醬

1 烘烤出爐的巴巴蛋糕切成一半厚度，並浸泡於加熱至60℃的蘭姆酒糖漿內。
2 充分吸收糖漿後，將蛋糕置於網架上，靜置冷卻使多餘的糖漿滴落。
3 蛋糕完全冷卻後，在下半部的蛋糕中擠上30g的卡士達鮮奶油餡，周圍放上8～10粒蘭姆酒漬葡萄乾。
4 將上半部的蛋糕放在3的上方，用湯匙取出10g的蘭姆酒淋在蛋糕上。
5 將事先加熱溶化的杏桃果醬塗抹於表面，最後於表面放上3粒蘭姆酒漬葡萄乾。

馬郁蘭蛋糕（Marjolaine）照片→P.71
◆77個份

<馬郁蘭餅皮>（60cm×40cm的烤盤3片份）
蛋白霜
「 蛋白…675g
└ 白砂糖…270g
A 「 榛果粉（土耳其產）…300g
 杏仁粉（西班牙產）…240g
 純糖粉…540g
└ 低筋麵粉（日清製粉「Ecriture」）…60g

1 取出一部分白砂糖加入蛋白中，用攪拌機打發至起泡。攪拌途中將剩下砂糖分成3次加入，製作出充分發泡的蛋白霜。
2 將事先過篩混合好的A，分成3次加入1中，這時候可用網杓攪拌（Skimmer）加以攪拌。持續攪拌直到材料均勻且出現光澤為止。
3 烤盤鋪上烘焙紙，將2分成3份（每盤約690g）分別倒入烤盤，再用L型抹刀將表面抹平。
4 放入165℃的對流式烤箱烘烤25分鐘，充分烘烤直到餅皮呈現出淡棕色。
5 烘烤完取出烤盤原封不動靜置一晚。將餅皮置於烤盤上而不取下，能夠藉由烤盤餘熱呈現出酥脆口感，再將餅皮放置一晚吸收濕氣，呈現出完美的口感平衡。

<輕盈甘納許巧克力>
66%巧克力（Valrhona品牌「Caraibe」）…240g
無鹽奶油（高梨乳業）…56g
35%鮮奶油…360g
無色柑香酒（White curacao）
（Cointreau品牌「Triple sec」）…15g

1 將加熱至沸騰前的鮮奶油，加入豆狀的巧克力中，並用手持攪拌機將材料乳化。將攪拌頭部分完全浸泡於液體中，避免捲入空氣。
2 材料降溫至35℃左右後，加入油化成軟膏狀的奶油及無色柑香酒，再用手持攪拌機拌勻。
3 放入冰箱冷藏直到容易擠花的軟硬度為止。

<果仁糖奶油醬>
杏仁果仁糖（自製）※…200g
榛果果仁糖（自製）※…220g
無鹽奶油（高梨乳業）…94g
38%鮮奶油（高梨乳業）…1260g
※果仁糖是分別將杏仁及榛果，用食物處理機內（FMI品牌「robot coupe」）研磨製作成膏狀後使用。

1　鮮奶油打發至6分起泡。
2　杏仁果仁糖、榛果果仁糖及奶油放入鉢盆內，隔水加熱至60～65℃並攪拌均勻。
3　將部分的 1 加入 2 中，用攪拌器拌勻後，再加入剩下的量繼續拌勻。

<香草奶油醬>
42%鮮奶油（高梨乳業）…1260g
白砂糖…65g
海藻糖…60g
香草醬（大溪地產）…10g
無鹽奶油（高梨乳業）…115g

1　將白砂糖、海藻糖及香草醬加入鮮奶油中，並打發至6分起泡。
2　奶油加熱至70～75℃（因為鮮奶油的量較多，因此利用奶油將整體溫度上升，才能拌出滑順的質地，所以才將奶油溫度提高）
3　將一部分的 1 加入 2 中，混合均勻後加入剩下的 1，並且用刮刀輕輕攪拌即可。

<組合與裝飾>
糖粉（裝飾用糖粉）、可可粉

1　將馬郁蘭餅皮上下倒置，接著將烘焙紙剝開後，配合57cm×37cm框模的大小切成相同尺寸。
2　取一片 1 的馬郁蘭餅皮，於表面塗上輕盈甘納許巧克力。
3　在 2 的表面倒入果仁糖奶油醬並抹平，接著放上一片 1 的馬郁蘭餅皮後，放入冰箱冷凍使其凝固。
4　在 3 的表面倒入香草奶油醬並抹平，放上一片 1 的馬郁蘭餅皮並將烘烤面朝上，再放入冰箱冷凍使其凝固。
5　切成3.5cm×8cm的大小，表面灑上糖粉，再放上金字塔的模型紙並灑上可可粉後，輕輕地移開紙張即可。

紅酒巧克力蛋糕
（Cake Chocolate vin Rouge） 照片→P.72

<蛋糕體>（13cm×5.5cm×高5cm的磅蛋糕模型10條份）
發酵奶油（南日本酪農協同「高千穗發酵奶油」）…360g
白砂糖…150g
海藻糖…150g
全蛋…300g
低筋麵粉（增田製粉所「特寶笠」）…240g
泡打粉…10g

蛋糕香料（Pain d'épices）※…6g
可可粉（Chocovic品牌）…60g
60%巧克力（Chocovic品牌「Kendarit」）…40g
糖煮無花果★…400g
※蛋糕香料
由肉桂、豆蔻、肉豆蔻、八角、薑及丁香粉所混合而成的香料。

1　將白砂糖及海藻糖，加入已油化成軟膏狀的奶油中，並且用攪拌器混合至白色狀態。
2　全蛋打散，並配合奶油將溫度調整至25℃後，少量分次加入 1 中，並攪拌至乳化。根據乳化狀況，材料出現光澤時再繼續加入蛋液攪拌。
3　將低筋麵粉、泡打粉、蛋糕香料及可可粉過篩混合後，加入 2 中混合，持續攪拌至完全均勻的狀態為止。
4　巧克力切成塊狀，並加入切成1.5cm塊狀的糖煮無花果拌勻。
5　磅蛋糕模型內鋪上烘焙紙，再將 4 放入擠花袋中（不用擠花嘴），於模型中擠入160g後，將表面抹平。
6　放入155℃的對流式烤箱烘烤30分鐘。
7　烘烤出爐後，立刻趁熱將底部以外的表面，浸漬於紅酒糖漿中。完成後放置於金屬網架上使其冷卻。

奶油保持室溫，蛋則根據室溫來調整其溫度，兩者混合攪拌時的溫度須為25℃左右，比起使用攪拌器，用手打較能確實確認其乳化狀態。

★糖煮無花果
無花果乾…400g
紅酒…560g
白砂糖…180g
水…150g
肉桂條…1條
八角…3個
柳橙果皮…1個份

1　將除了無花果乾以外的材料加入鍋中，加熱至沸騰後加入無花果乾，再關火靜置冷卻。
2　將 1 放入冰箱冷藏，靜置2～3天。

<完成裝飾>
外層專用巧克力、無花果乾、糖漬香橙、八角、粉紅胡椒粒（整顆）、杏桃果醬

1　在蛋糕表面的中央，沿著縱向塗上外層專用巧克力。
2　每個蛋糕放上3個切半的無花果乾、3片半月形的糖漬香橙、1個八角以及4粒粉紅胡椒。接著再用毛刷塗上加熱溶化的杏桃果醬，使表面呈現出光澤感。

Yusuke Mega, Pâtisserie Miraveille
パティスリー ミラヴェイユ
妻鹿 祐介

彩色頁
• 店家資訊→P.74
• 焦糖香橙聖托諾雷泡芙塔→P.76
• 綠與紅→P.78
• 蝸牛→P.79
• 秋天蛋糕→P.80

焦糖香橙聖托諾雷泡芙塔
（Saint Honoré） 照片→P.76

<千層派皮>（約100個份）
低筋麵粉…250g

高筋麵粉（日清製粉「Legendaire」）…685g
水（冰涼水）…375g
鹽…19g
白酒醋…4g
發酵奶油（森永乳業）…195g
發酵奶油（森永乳業）…450g

1　低筋麵粉與高筋麵粉混合過篩，再放入攪拌鉢盆中。
2　利用鉤狀攪拌頭開啟低速攪拌，並少量分次加入冷水、鹽及白酒醋攪拌。為了攪拌出筋度以增加口感，因此除了冷水之外，其他材料不需要特別冷卻。
3　將材料拌成完整麵糰之後，加入用手指下壓會留下痕跡的奶油（195g）。繼續攪拌至整體均勻後，鉢盆從攪拌機取下。
4　麵糰從鉢盆中取出，用保鮮膜包覆密封，再放入冰箱冷藏靜置一晚。
5　將 4 的麵糰延展成比正方型片狀奶油（450g）稍大一點的正方形

狀。放上奶油，並且分別將四個角往上及中間包覆起奶油。確實包覆並確認沒有空氣，連接的部分也確實使之密合。放入壓麵機中再折3折後，再次放入壓麵機並折3折，最後放入冰箱冷藏靜置。並且重複相同動作3次。

6　完成後將麵糰放入壓麵機，延展成1.75mm的厚度，最後放入冰箱冷藏靜置。

<泡芙脆皮>（準備量）
牛奶（森永乳業）…140g
水…140g
發酵奶油（森永乳業）…112g
白砂糖…8g
鹽…4g
低筋麵粉…86g
高筋麵粉…86g
全蛋…6個

1　鍋中加入牛奶、水、奶油、白砂糖及鹽，並加熱至沸騰。
2　加入事先過篩混合好的低筋及高筋麵粉後，將火關掉並用刮刀攪拌，等麵粉完全攪拌均勻後再開大火加熱。
3　將材料放入攪拌機內，並且用樂狀攪拌頭以低速攪拌，再將全蛋依少量分次加入。為了能夠發揮雞蛋本身的韌性，因此用低速攪拌避免破壞韌性。

<榛果巧克力奶油醬>（105個份）
榛果巧克力
（WEISS品牌「GIANDUJA NOISETTE LAIT」）…300g
35%鮮奶油（森永乳業）…300g

1　榛果巧克力放入微波爐加熱溶化至30℃。
2　鮮奶油打發至7分發泡，再加入1用打蛋器混合均勻。
3　用13號圓型擠花嘴，在烘焙墊上擠出山形後，放入冰箱冷凍凝固。

<Diplomat奶油餡>（約10個份）
卡士達奶油醬★…250g
香堤鮮奶油★…100g
香草油…少許

1　將事先打發至6分發泡的香堤鮮奶油，打發至完全發泡的狀態。
2　卡士達奶油醬放入缽盆中，加入1並用打蛋器拌勻。攪拌時注意不要破壞卡士達醬的彈性，使材料呈現出具有彈力的狀態。

★卡士達奶油醬（準備量）
牛奶（森永乳業）…1000g
香草莢…1條
蛋黃…300g
白砂糖…215g
低筋麵粉…45g
高筋麵粉…45g
發酵奶油（森永乳業）…50g

1　香草莢剝開取出種子，再將香草莢刷磨添加有牛奶的鍋子邊緣，使油分附著於鍋壁。接著將種子與香草莢一起加入牛奶中。
2　取出少量白砂糖並加入1中，開火加熱至80℃後關火後，蓋上鍋蓋悶熱5分鐘。
3　蛋黃及白砂糖放入缽盆內，並用打蛋器混合至完全均勻為止，接著加入事先過篩混合好的低筋與高筋麵粉拌勻。
4　加入2並混合均勻後，將材料過濾回2的鍋中並開火加熱。冒泡沸騰後也持續加熱，直到材料從濃稠狀變成滑順且出現光澤時，再將火關掉並加入奶油。
5　將4倒入舖有保鮮膜的烤盤上，接著放入急速冷凍機（Blast chiller）內冷卻。
6　倒入攪拌缽盆中，用樂狀攪拌頭稍微攪拌打發。

★香堤鮮奶油（準備量）
45%鮮奶油※（森永乳業「Hoteru生」）…500g
35%鮮奶油※（森永乳業）…250g
複合性鮮奶油※（乳脂肪成分30%、植物性脂肪成分10%／森永乳業「Freina 30」）…250g
白砂糖…50g
柑橘利口酒（Saumur）…13g

※在鮮奶油的部分，乳脂肪成分45%及35%的產品是日本本州產，複合性鮮奶油則是北海道產。北海道產的鮮奶油乳味濃郁，而本州產則偏向味道清爽。如果在整體甜糕中，香堤鮮奶油的乳香過於強烈，則會影響到其他部分的風味，因此選用3種鮮奶油混合，讓整體口感雖然清爽卻不失香醇，再利用柑橘利口酒呈現出輕盈的後味。

1　所有材料混合並打發至6分起泡後，放入冰箱冷藏。

<焦糖香堤鮮奶油>（約15個份）
香堤鮮奶油★…300g
香橙焦糖醬★…120g

1　香橙焦糖加入香堤鮮奶油中，並用刮刀拌勻。
2　再用攪拌器打發至8～9分發泡狀態。

★香堤鮮奶油
參考左側的<香堤鮮奶油>作法。

★香橙焦糖醬（準備量）
白砂糖…280g
35%鮮奶油※（森永乳業）…400g
香橙果皮…2個份

1　香橙果皮磨成泥後加入鮮奶油，接著加熱直到沸騰前關火，並蓋上鍋蓋悶熱約5分鐘。
2　製作焦糖。於銅鍋的鍋底放上薄薄一層白砂糖，接著開火加熱。用較強的中火加熱，白砂糖溶化後，再繼續以少量分次加入剩餘的白砂糖，同時用打蛋器混合，仔細讓砂糖溶化避免結塊。
3　完全溶化熬煮5分鐘，開始出現細小的泡沫後即關火，再將1的鮮奶油分成3次加入。第一次加入時，會因為焦糖的餘熱而滾沸，必須等沸騰的泡沫消失後再加入混合，與焦糖完全融合後再加入剩餘的量。
4　倒入缽盆中，底部隔冰水並同時用刮刀攪拌使其冷卻。

<烘烤>
鹽（Fleur de sel）

1　千層派用直徑6.5cm的可麗露模型（菊花型壓模）押出形狀。
2　泡芙脆皮的麵糊放入擠花袋中，用8號圓形擠花嘴，在1的上方擠出一圈甜甜圈的形狀，中間放一搓鹽。接著放入上下火皆為190℃的烤箱（平窯）烘烤35分鐘。
3　泡芙脆皮的麵糊放入擠花袋中，用8號圓形擠花嘴，在烤盤上擠出直徑2cm的圓形，烘烤出小泡芙。放入上下火皆為180℃的烤箱（平窯）烘烤35分鐘。

<組合與裝飾>
焦糖※、焦糖榛果★
※焦糖是用適量的白砂糖，並以上述<香橙焦糖醬>中的相同方式加熱，焦糖開始冒泡並且轉變成淡褐色後，將鍋底隔冰水冷卻避免過焦。最後趁熱使用即可。

1　將小泡芙烘烤面朝下，併用鑷子等工具夾起，將小泡芙浸泡於焦糖中，接著再立刻放入半球型的矽膠模具內靜置（不要施力往下壓，否則焦糖會變薄）。凝固後從矽膠模具內取出，並將焦糖面朝上放置，使其冷卻。
2　將Diplomat奶油餡用5號圓型擠花嘴，擠入1中。
3　將Diplomat奶油餡用5號圓型擠花嘴，擠在烘烤完成的泡芙圈＋千層派皮中央，接著再放上冷凍過後的榛果巧克力奶油醬。

在中央擠出Diplomat奶油餡，接著放上冷凍過的堅果巧克力奶油醬。

4　將2的3個小泡芙底部分別沾取焦糖，再放置於榛果巧克力奶油醬上方使其固定，接著在小泡芙的縫隙之間擠入少量的Diplomat奶油餡。
5　焦糖香堤鮮奶油放入擠花袋中，並用8號星型擠花嘴擠出。從小泡芙之間的縫隙由下往中間擠，於中間也擠出具有高度的量。
6　於中間撒上切成顆粒狀的焦糖榛果。

★焦糖榛果（準備量）
榛果…100g

將3個小泡芙的底部分別沾取焦糖，接著放置於榛果巧克力奶油醬上方，稍微施力下壓固定。

白砂糖…35g
水…12g
鹽…1.5g
無鹽奶油（雪印「特級奶油（低水分）」）…5g

1　榛果放入180℃的烤箱中加熱。
2　白砂糖及水放入鍋中加熱，並熬煮至117℃。
3　加入1的榛果，用中火一邊攪拌並熬煮至焦糖色為止。
4　依序加入鹽及奶油混合，再散放於烘焙墊上使其冷卻。

綠與紅（Verouge）照片→P.78

<杏仁奶油酥皮>（準備量）
生杏仁膏（Kondima品牌）…540g
糖粉…720g
鹽…15g
香草粉…1.5g
發酵奶油（森永乳業）…1350g
低筋麵粉…2250g
全蛋…390g

1　生杏仁膏放入攪拌缽盆中，並加入糖粉、鹽及香草粉，接著用槳狀攪拌頭以低速攪拌。
2　材料呈現出柔軟狀態後，少量分次加入奶油攪拌均勻。
3　加入低筋麵粉，在完全混合均勻前，還殘留一些麵粉狀態時，將打散的蛋液加入攪拌。
4　取出麵糰並鋪上塑膠紙，用擀麵棍延展成3mm的厚度，完成後放入冰箱冷藏靜置一晚。

<開心果蛋黃醬>（約10個份）
牛奶（森永乳業）…35g
35%鮮奶油（森永乳業）…115g
開心果泥…15g
蛋黃…30g
白砂糖…25g
卡士達粉（poudre a cream）…12g

1　將牛奶及鮮奶油混合，少量分次加入開心果泥，同時用打蛋器拌勻。
2　蛋黃加入白砂糖混合，接著放入卡士達粉拌勻。
3　將1放入2中混合均勻。

<紅色水果奶油醬>（約50個份）
無鹽奶油（雪印「特級奶油（低水分）」）…680g
A ┌ 草莓泥…510g
　├ 覆盆莓泥…510g
　└ 紅加侖泥…340g
全蛋…510g
蛋黃…510g
白砂糖…340g
吉利丁粉…17g
水…85g
野草莓濃縮果汁（Dover「Gourmandises Fraise」）…14g

1　銅鍋中加入奶油及A的果泥，開火加熱至沸騰。
2　將全蛋及蛋黃混合，再加入白砂糖攪拌均勻。
3　將1加入2中，混合均勻後倒回1的鍋中，開火加熱至沸騰。
4　用手持攪拌機攪拌均勻後，將材料過濾至缽盆中。
5　吉利丁粉浸泡於85g的水中，並放入微波爐中使其溶解，接著放入4中拌勻。等餘熱散去後，加入野草莓濃縮果汁混合均勻。
6　倒入直徑7.5cm×高1.7cm的圓型模具中，再放入冷凍庫。

<果膠>（準備量）
透明果膠★…300g
水麥芽…30g
水…30g
檸檬汁…22g

1　果膠放入微波爐加熱，用手持攪拌機攪拌的同時，依序加入水麥芽、水及檸檬汁後攪拌均勻。

★透明果膠（準備量）
水…1050g
白砂糖…300g
NH果膠粉…30g
水麥芽…900g
白砂糖…1200g
檸檬酸…9g
水…9g

1　水（1050g）加熱至40℃，接著用打蛋器攪拌的同時，加入事先混合好的白砂糖（300g）及果膠粉後，再加熱至沸騰。
2　加入水麥芽及白砂糖（1200g）後再次加熱至沸騰。
3　關火後，加入事先用水（9g）溶解的檸檬酸，拌勻後過濾。

<覆盆莓果醬>（準備量）
覆盆莓泥…300g
NH果膠粉…4.5g
白砂糖…43g
水麥芽…36g
轉化糖…18g

1　覆盆莓泥放入鍋中，開火加熱至40℃。
2　加入事先混合好的白砂糖及果膠粉後，再加熱至沸騰。
3　關火後，加入水麥芽及轉化糖溶解。

<鋪塔皮與烘烤>
全蛋、覆盆莓（冷凍、整顆）

1　將延展成3mm厚度的杏仁奶油酥皮從冰箱冷藏取出，用直徑9.5cm的圓型壓模押出形狀，再放入直徑7cm×高1.7cm的圓型模型中。讓塔皮貼合模型，並且保持相同厚度。

將塔皮貼合模型，並且保持相同厚度。如果厚度不均，烘烤完會呈現出口感不一的情況。

2　鋪上烘焙紙，再放上重石（塔餅石）鎮壓，放入170℃的對流式烤箱中烘烤15分鐘，取出重石再烘烤約5～7分鐘。
3　毛刷沾取打散的蛋液塗在2的內側，放入170℃的對流式烤箱中烘烤1分鐘，使蛋液乾燥。趁熱將塔皮脫模並冷卻。
4　用果皮刨刀將塔皮邊緣削平，側面及底部邊緣的銳角，也削成滑順的形狀。
5　在每個塔皮中放入3個覆盆莓，接著倒入開心果蛋黃醬，放入150℃的對流式烤箱中烘烤15分鐘，再取出冷卻。

<組合與裝飾>
巧克力圓片※、裝飾用巧克力、新鮮覆盆莓、新鮮藍莓、開心果、裝飾用果膠※
※巧克力圓片
將57%巧克力（Opera品牌）溶化並調溫後，延展成1mm厚度，再用直徑5.5cm的圓型壓模押出形狀。
※裝飾用果膠
由杏桃果醬、水、洋菜及白砂糖煮沸溶解而成。

1　在冷凍後的紅色水果奶油醬表面，將覆盆莓果醬用抹刀塗上2片對稱的水滴型狀。
2　將1冷凍後，在表面塗滿果膠。
3　在完全冷卻的塔皮上放上1片巧克力圓片，再將2脫模放置於上方。
4　插入2片裝飾用巧克力，取1個覆盆莓切半並塗上果膠，裝飾於蛋糕表面，接著再放上2個藍莓及2片切成薄片的開心果裝飾。

蝸牛（Escargot）照片→P.79

<法式酥脆塔皮>（50個份）
發酵奶油（森永乳業）…520g
低筋麵粉…1000g
蛋黃…80g
水…240g
鹽…8g

1 將所有材料事先冷卻。奶油切成小塊狀。
2 低筋麵粉及奶油放入食物處理機內（FMI品牌「robot coupe」），混合直到呈現出均勻漿狀。
3 將蛋黃、水及鹽混合後加入 **2** 中，稍微攪拌至均勻狀態。
4 將材料取出放置於作業台上，集中成一個麵糰並用保鮮膜包覆，再放入冰箱冷藏靜置一晚。
5 隔天將 **4** 放入壓麵機中壓出1.75mm的厚度，截出孔洞後再放入冰箱冷藏靜置。
6 用直徑9.5cm的壓模押出形狀，再鋪放進底部直徑4.3cm、上部直徑7.5cm×高1.9cm的模型中。
7 上方放上同樣的模型，再放入重石，接著放入180℃的對流式烤箱中烘烤20分鐘，取出重石後再烘烤約15分鐘。
8 撒上糖粉（份量外）後，放入上火為220℃的烤箱（平窯）烘烤約4分鐘，使表面焦糖化。等餘熱散去後將塔皮脫模，並靜置冷卻。

＜蝸牛蛋糕專用卡士達奶油醬＞（20個份）
牛奶（森永乳業）…400g
香草莢…0.4條
蛋黃…120g
白砂糖…86g
低筋麵粉…18g
高筋麵粉…18g
發酵奶油（森永乳業）…20g
發酵奶油（森永乳業）…120g
白砂糖…6g

1 香草莢剖開取出種子，再將香草莢刷磨添加有牛奶的鍋子邊緣，使油分附著於鍋壁。接著將種子與香草莢一起加入牛奶中。
2 將份量中的白砂糖取出少量（86g）加入 **1** 中，開火加熱至80℃後關火後，蓋上鍋蓋悶熱5分鐘。
3 蛋黃及白砂糖放入缽盆內，並用打蛋器混合至完全均勻為止，接著加入事先過篩混合好的低筋與高筋麵粉拌勻。
4 加入 **2** 並混合均勻後，將材料過濾倒回 **2** 的鍋中並開火加熱。冒泡沸騰後也持續加熱，直到材料從濃稠狀變成滑順且出現光澤時，再將火關掉並加入奶油（20g）。
5 將 **4** 倒入舖有保鮮膜的烤盤上，接著放入急速冷凍機內冷卻。
6 在攪拌缽盆中加入 **5** 的卡士達奶油醬，再加入奶油（120g）及白砂糖（6g），並且用槳狀攪拌頭攪拌至稍微發泡的狀態。在一般的卡士達奶油醬中，增加發酵奶油的比例，藉此增加濃度及硬度，製作出接近慕斯琳奶油醬的卡士達奶油醬。

＜焦糖榛果＞
參考P.109「焦糖香橙聖托諾雷泡芙塔」＜組合與裝飾＞的作法。

＜義大利蛋白霜＞（10個份）
蛋白…75g
糖漿
「白砂糖…150g
└水…50g

1 白砂糖與水倒入鍋中，加熱熬煮至117℃。
2 與 **1** 同時進行。將蛋白放入攪拌缽盆中，在缽盆外圍同時用噴燈加熱至體溫程度。如果蛋白溫度過低，加入熱糖漿時會使整體分散，因此事先將蛋白加熱後可助於混合均勻。
3 等 **1** 的糖漿熬煮至117℃後，在 **2** 用打蛋器混合的同時，少量分次加入糖漿。
4 開啟攪拌機，並用打蛋器攪拌頭將材料確實打發泡。在蛋白打發泡前先加入糖漿，雖然無法打出蓬鬆的狀態，但是能夠製作出紋理細緻的蛋白霜。因為泡沫細緻的關係，用噴燈燒烤時就能夠呈現出漂亮的顏色。

＜組合與裝飾＞
香蕉、覆盆莓、焦糖※
※硬度稍硬的焦糖。如太軟會無法成形而流下，且無法呈現出酥脆口感。

1 在法式酥脆塔皮上，用10號圓型擠花嘴擠出卡士達奶油醬，接著放上3片香蕉薄片以及1個覆盆莓（切半的狀態），再於中央擠出卡士達奶油醬，最後於整體表面擠出漩渦狀。接著用抹刀將表面抹平，並塑出山形。
2 義大利蛋白霜裝入擠花袋中，用8號圓型擠花嘴，擠出漩渦狀覆蓋於整體。接著焦糖榛果切成顆粒狀，沿著塔皮邊緣放置一圈。
3 用噴燈炙燒義大利蛋白霜，使蛋白霜上色。
4 最後用湯匙撈取焦糖，淋在蛋糕頂端。

秋天蛋糕（Cake Automne） 照片→P.80
◆12cm×6.5cm×高6.5cm的深長方型烤模15個份

＜蛋糕體＞
栗子醬（Impert品牌）…910g
白砂糖…390g
無鹽奶油（雪印「特級奶油（低水分）」）…195g
蜂蜜…130g
全蛋…540g
35%鮮奶油（森永乳業）…130g
牛奶（森永乳業）…130g
低筋麵粉…430g
泡打粉…17g
杏仁粉（美國產）…475g
蛋糕體添加材料
「糖漬栗子（栗子蜜餞／Maruya／切成1.5cm塊狀）…520g
 糖漬香橙（切成5mm細碎狀）…100g
└紅酒糖漬無花果乾★（切成1.5cm塊狀）…390g
糖漿
「波美度（Baume）30度的糖漿…150g
 白蘭地（Lautonnier Napoleon）…90g
└蘭姆酒（Dillon Tres Vieux Rhum）…60g

1 栗子醬放入攪拌缽盆中，再加入白砂糖，並用槳狀攪拌頭混合均勻。根據材料狀態以低速～中高速的範圍調整，攪拌至呈現出均勻的軟硬度。
2 少量分次加入油化成軟膏狀的奶油。
3 加入蜂蜜，再將打散的蛋液少量分次加入，並同時攪拌均勻。
4 一次加入杏仁粉，將攪拌機調整為低速攪拌。
5 加入事先混合好的鮮奶油及牛奶拌勻。
6 加入事先過篩混合好的低筋麵粉及泡打粉，在即將混合均勻之前停止攪拌機。
7 將 **6** 移至缽盆中，加入糖漬栗子、糖漬香橙及紅酒糖漬無花果乾，再用刮刀攪拌均勻。
8 將蛋糕麵糊分別取出280g，裝入深長方型烤模中，再用手敲打模型底部使麵糊平整，接著將軟膏狀的奶油放入紙折擠花袋中，在麵糊的中間擠出一條縱向的直線。
9 放入160℃的對流式烤箱烘烤30分鐘。烘烤全表面稍硬，稍微施壓會感到彈性則為理想狀態。
10 烘烤完成後將蛋糕脫模，趁熱用刷毛沾取糖漿（已混合材料），塗抹在底部以外的每個表面上使蛋糕吸收（每條蛋糕20g）。

趁熱將蛋糕塗上糖漿。為了使蛋糕整體充滿酒香，因此塗抹於底部以外的表面。

★紅酒糖漬無花果乾
無花果乾（土耳其產）…1000g
紅酒…300g
水…300g
白砂糖…520g
肉桂條…8g
香草莢（使用過1次的香草莢）…4g

1 鍋中加入無花果乾以外的材料，並加熱至沸騰。
2 加入無花果乾並以中火熬煮。無花果稍微變軟之後即可關火。
3 將材料移至缽盆內，表面封上保鮮膜使之緊密貼合，常溫下靜置1星期。接著再將液體濾掉放入冰箱冷藏保存。

＜完成裝飾＞
糖霜
「糖霜…400g
 波美度（Baume）30度的糖漿…48g
└蘭姆酒（Dillon Tres Vieux Rhum）…16g

1 將糖霜的材料混合，再放入微波爐加熱至60℃使之結晶化。完全冷卻後用刷毛沾取，塗抹於蛋糕表層。
2 放入上火為220℃的烤箱中（平窯）30秒，使表面乾燥並且呈現出透明感。

TITLE

10大名店 戀戀法式小甜點

STAFF

出版	瑞昇文化事業股份有限公司
編著	永瀬正人
譯者	元子怡

總編輯	郭湘齡
責任編輯	莊薇熙
文字編輯	黃美玉　黃思婷
美術編輯	謝彥如
排版	二次方數位設計
製版	昇昇興業股份有限公司
印刷	皇甫彩藝印刷股份有限公司
法律顧問	經兆國際法律事務所　黃沛聲律師

戶名	瑞昇文化事業股份有限公司
劃撥帳號	19598343
地址	新北市中和區景平路464巷2弄1-4號
電話	(02)2945-3191
傳真	(02)2945-3190
網址	www.rising-books.com.tw
Mail	resing@ms34.hinet.net

本版日期	2016年5月
定價	400元

國家圖書館出版品預行編目資料

10大名店戀戀法式小甜點 / 永瀬正人編著；元子
怡譯. -- 初版. -- 新北市：瑞昇文化, 2015.12
112　面；29 X 21　公分
ISBN 978-986-401-062-2(平裝)

1.餐飲業 2.點心食譜 3.日本

483.8   104023985